LE FER
LA FONTE ET L'ACIER

PAR

C. DELON

TROISIÈME ÉDITION

Ouvrage contenant 33 figures

PARIS
LIBRAIRIE HACHETTE ET Cie
79, BOULEVARD SAINT-GERMAIN, 79

1881

LE FER

LA FONTE ET L'ACIER

A

M. E. DREYFUS

ANCIEN MAITRE DE FORGES A ARS-SUR-MOSELLE.

Marteau-pilon.

LE FER

LA FONTE ET L'ACIER

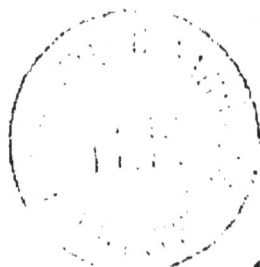

PAR

C. DELON

QUATRIÈME ÉDITION

Ouvrage contenant 33 figures.

PARIS

LIBRAIRIE HACHETTE ET Cie

79, BOULEVARD SAINT-GERMAIN, 79

1886

TABLE

—

———

Coulommiers. — Typ. P. BRODARD et GALLOIS.

LE FER

PREMIÈRE PARTIE

HISTORIQUE

Introduction

Le fer considéré comme instrument de travail.
— L'homme est un être tellement organisé qu'il ne peut vivre qu'à la condition de tout transformer autour de lui. L'animal peut subsister en prenant dans le *milieu* [1] où il est placé toute chose telle quelle pour l'entretien de sa vie : l'homme, non. Il faut qu'il modifie, qu'il façonne chaque objet pour l'adapter à ses besoins. Être délicat et frêle de corps, il semble que la simple nature soit pour lui trop rude et comme hostile ; et cette disproportion entre lui et les choses va croissant à mesure qu'il se développe et se civilise. Chaque besoin satisfait va faire surgir de nouveaux besoins d'un ordre supérieur, désormais non moins impérieux. Ainsi contraint, d'une part de transformer le milieu suivant les exigences de sa propre organisation, de l'autre

1. Ensemble des êtres et des choses, des conditions d'existence au *milieu* desquels un être vit.

1

de développer son être pour vaincre les résistances
du milieu rebelle, l'homme grandit par la lutte
même. C'est d'abord *la lutte pour la vie;* puis la
lutte pour l'agrandissement et l'ennoblissement de
la vie, pour la délivrance de la pensée qu'opprimait le poids des nécessités matérielles premières.
— C'est la *grande guerre,* éternelle, âpre, acharnée,
sans trève ni repos, la grande guerre du *travail,*
dont les fastes sont l'histoire même de l'humanité.

Car tout se tient, tout s'enchaîne. Entre le progrès du travail transformateur et le développement intellectuel et moral il y a un parallélisme
nécessaire, une dépendance réciproque. L'un est la
condition de l'autre, l'un se fait par l'autre; l'un
donne la mesure de l'autre. Et l'induction est légitime, quand nous apprécions le degré de civilisation d'un peuple, d'une époque, par l'état de l'industrie et les procédés du travail chez ce peuple, à
cette époque.

Travail est guerre. A toute guerre il faut des
armes. L'arme du travailleur, c'est l'outil. Tel outil,
tel ouvrage. La première et la plus précieuse conquête pour l'homme est celle de son outil.

Ces réflexions se présentent d'elles-mêmes à l'esprit quand la pensée se porte sur le *fer :* le fer,
dont le nom seul rappelle toutes les idées de force,
de lutte, de labeur; le fer, outil par excellence,
instrument universel de la production, grand levier
de l'industrie; le fer dont est fait le soc, comme la
lime qui mord le métal, comme la scie qui débite
le bois, le ciseau qui taille la pierre; le fer, si précieux comme matière première des objets les plus
indispensables, mais plus précieux encore comme
instrument destiné à façonner les autres matières
— Et alors nous comprenons mieux pourquoi la
découverte de ce métal fut un pas décisif, et ouvrit
une nouvelle ère dans la vie de l'humanité.

Les âges qui n'ont pas connu le fer. — *L'Age
de pierre.* — La science, interrogeant les vestiges

de ce passé obscur qui remonte à des centaines de mille années, nous fait voir, sur ce sol même que nous foulons, l'homme primitif, sauvage, misérable et féroce, d'intelligence obscure, errant demi-nu dans les forêts, ayant pour tout abri d'humides cavernes, des anfractuosités du rocher. Il vit, ou plutôt il végète, courbé jusqu'à terre sous l'éternelle menace de la faim, du froid, de la terreur. Pour toute arme, pour tout instrument de son grossier travail, il a des éclats de pierre tranchants détachés par le choc d'un bloc de silex (pierre à fusil). Telle intelligence, telle condition ; tel travail, tels outils. — C'est l'humble et basse entrée, les premiers pas chancelants dans les ténèbres... Car ce qui ouvre la journée de l'humanité sur la terre, ce n'est pas l'*Age d'or*, comme l'ont chanté les poètes : c'est l'*Age de pierre*. Tel est en effet le nom que la science, mesurant l'époque à son industrie, et l'industrie à son outil, donne à cette longue et lointaine période. — *Age de la pierre éclatée* (Paléolithique), dit-on même, lorsqu'il s'agit de la plus ancienne époque. Plus tard en effet, après une longue série de siècles, par un premier progrès dans l'outillage correspondant à un progrès de même ordre en toutes choses, l'homme apprit à polir sur la pierre la pierre tranchante, pour obtenir un instrument déjà moins grossier : seconde époque que l'on désigne sous le nom d'*Age de la pierre polie* (Néolithique).

L'insuffisance de pareils outils eût à elle seule mis obstacle à tout nouveau perfectionnement du travail, par suite à une nouvelle *évolution* progressive de l'intelligence humaine. La force intérieure qui pousse l'ensemble de l'humanité dans la voie d'un progrès indéfini pouvait-elle donc se briser contre un tel obstacle? Répondons hardiment : non. Mais la condition nécessaire d'un nouveau pas en avant était la conquête d'un instrument de travail plus parfait. C'est alors qu'on découvrit le métal.

L'Age de bronze. Le métal le premier employé ne fut pas le fer. Avant lui l'homme eut l'or, peut-être l'argent; le cuivre, et son alliage le *bronze* (ce qui suppose la connaissance du minerai d'*étain*, le bronze étant un composé de cuivre et d'étain). L'or, le cuivre se rencontrent dans la nature à l'état *natif*, c'est-à-dire à l'état métallique. Le cuivre, le bronze se travaillent assez facilement par voie de *fusion*. On fondait le bronze dans des creusets de terre au milieu d'un brasier; on le coulait dans des moules, on l'usait sur le grès. Nous trouvons sur tout le sol de l'Europe des hach.s de bronze d'une forme caractéristique, et d'un mode d'emmanchement tout particulier, des épées de bronze, des pointes de lances et de flèches, appartenant à cette époque; puis des aiguilles, des épingles, des bracelets et autres objets d'ornement, déjà soigneusement ouvrés : indices d'une industrie plus avancée que celle de l'âge de pierre, et d'un état moins éloigné de la civilisation. C'est l'*Age de bronze*, période qui nous mène jusqu'aux temps héroïques de la Grèce et de Rome, et qui se prolongea plus tardive dans le Nord et dans l'Ouest du continent. — Enfin va s'ouvrir l'*Age de fer.*

Ces expressions : âge de pierre, âge de bronze, âge de fer désignent beaucoup moins des époques chronologiques, des dates dans le temps, que des degrés de développement, des étapes dans la condition humaine en voie de progrès. Ces degrés d'ailleurs se fondent, pour ainsi dire, par les nuances d'une transition insensible. L'âge de pierre dure encore pour certains peuples : il y a de ces sauvages qui n'ont pour toute arme, pour tout instrument que la pierre aiguë, plus ou moins ingénieusement emmanchée, et qui pour le reste aussi sont au même niveau que nos grossiers ancêtres. De même on pourrait citer telle peuplade qui en est aujourd'hui à un point de développement correspondant à l'âge de bronze. Peut-être ces races sont-elles inca-

pables de dépasser par elles-mêmes ces limites :
l'âge de fer commence pour elles par le contact
avec des nations plus civilisées.

Antiquité du fer en Orient. — Ce fut ainsi sans
doute que le précieux métal arriva à la connaissance
de nos aïeux Européens; car l'histoire nous apprend
que l'Orient connut le fer bien longtemps avant notre Occident. — L'antique Egypte usait du fer dès
la 4e dynastie de ses vieux Pharaons; des inscrip-
tions en font témoignage. On voit représentés sur
des monuments de la plus haute antiquité des forgerons façonnant des pointes de lances et de flèches.
Du reste il suffit de jeter un coup d'œil sur ces monuments eux-mêmes, sur les sculptures et les ins-
criptions (hiéroglyphes, etc.) si nettement découpées
dans le granit et le porphyre, pour conclure que les
artistes (sculpteurs, lapicides) qui entaillaient ainsi
les pierres les plus dures avaient à leur disposition
des outils de fer et même d'acier. — Les Phéniciens,
peuple industrieux et commerçant par excellence,
trafiquaient déjà du fer plus de 2500 ans avant notre ère. Ils le fabriquaient eux-mêmes, ou le tiraient
de l'Assyrie et de l'Egypte. Suivant les livres et les
traditions des Hébreux, le fer était connu chez eux
à une époque qu'il n'est pas possible de déterminer
exactement, mais à coup sûr fort ancienne (vers
3000 ?); et selon toute probabilité, c'est aux Egyp-
tiens qu'ils en devaient la connaissance.

Mais c'est du côté de l'Inde que, grâce aux do-
cuments historiques nouvellement acquis, nous
voyons poindre plus lointaine l'aurore de *l'âge de
fer.* — Dans les hymnes du plus ancien des livres
sacrés des Hindous [1], *le plus vieux livre du monde*
(H. Chavée), ce métal est plusieurs fois cité, ainsi
que l'or et le bronze. Il y est nommé d'un nom qui
est le correspondant rigoureux, lettre pour lettre [2],
du mot latin *ferrum,* que nous abrégeons en *fer.*

----

1. Le *Rig-Véda.* — 2. *Bhadram.* (Le brillant.)

Or l'époque [1] à laquelle nous reportent ces chants sacrés, merveilleux de poésie du reste, et peignant un degré de civilisation parfaitement en rapport avec l'usage des métaux — cette époque, dis-je, est de beaucoup antérieure à toutes les dates que nous venons de citer. — Alors que s'ouvrait dans le lointain Orient la brillante période de la civilisation Hindoue, notre Occident était encore tout entier plongé dans les ombres de la barbarie. Ces vieux Hindous, dont les poëmes nous parlent de coupes d'or et de bronze ciselées (ce qui indique l'acier, le simple fer ne pouvant entamer le bronze), étaient les frères d'origine de ces *Aryas* qui envahirent l'Europe de l'âge de pierre, soumirent ses sauvages habitants, lui imposèrent leur langue, leurs dieux, et y semèrent les premiers germes de la civilisation future.

L'Âge de fer en Europe. — Il est donc bien probable que l'Occident dut à ses envahisseurs asiatiques la connaissance du fer. Peut-être aussi le midi de l'Europe reçut-il ce présent des navigateurs Phéniciens, ou des Égyptiens eux-mêmes. La Grèce héroïque chantée par Homère, la Grèce des temps demi-fabuleux des Argonautes et de la guerre de Troie nous apparaît comme ouvrant l'âge de fer européen. Le fer est plusieurs fois cité dans l'Iliade, où le poëte lui donne l'épithète expressive de *dur à travailler*. Il en parle comme d'une matière peu commune encore, précieuse par sa rareté et fort appréciée des héros. La plus grande partie des armes est encore d'airain, c'est-à-dire de bronze. Quant aux Romains, peuple de formation relativement toute récente, s'ils connurent dès leur origine l'usage du fer, ils étaient du moins peu avancés sous le rapport du travail métallurgique. Plus habiles à manier l'épée qu'à la forger, ils tiraient de l'Étrurie (Pays des Étrusques, Toscane actuelle),

---

1. Époque *Védique.*

plus tard des régions du Danube (Bavière, Styrie actuelle), enfin de la Gaule et des contrées voisines, ce fer avec lequel ils ravagèrent le monde.

Sur notre sol Gaulois et dans le nord de l'Europe le fer était en usage longtemps avant l'invasion romaine. D'immenses amas de *scories* (résidus de la fabrication du fer), entassés aux environs de mines profondément fouillées, accusent une grande activité de travail et une longue période d'exploitation. Toute la France, la Bretagne, la Suisse, la Belgique sont parsemées de tels débris, attestant l'antique industrie de nos pères. C'est avec une épée de fer que le Gaulois défendait sa maison, son village, sa forêt, contre le Romain envahisseur. Mais l'arme trop flexible, formée d'un fer trop *doux*, trahissait son courage : tandis que le légionnaire de César avait en main des armes d'acier tranchantes et finement trempées. — Enfin les Francs et toutes ces bandes Germaines qui harcelaient incessamment les frontières de la Gaule devenue Romaine, étaient déjà, lorsqu'ils apparaissent dans l'histoire, pourvus d'armes de ce métal. Les peuples de l'extrême Nord (Scandinaves, Danois, etc.), furent sans doute les derniers chez lesquels l'usage du fer se généralisa : car les Normands qui dévastèrent les côtes de la France sous les premiers successeurs de Charlemagne se servaient encore d'armes de bronze et même de pierre. Pour ces farouches écumeurs de mers, étrangers au monde du Midi, tard-venus de la barbarie, l'âge de fer commençait à peine.

Découverte du métal. — Il se rencontre parfois à la surface du sol certaines masses métallifères, blocs énormes ou fragments épars, d'une origine étrange et mystérieuse. Elles sont là gisant, comme pour attirer le regard. Quelques-unes sont formées de fer presque pur : on peut en détacher un morceau et le forger sans autre préparation. Ces *pierres de fer* dont nous dirons bientôt la provenance, par leur situation tout à découvert, par leur aspect, leurs propriétés que le moindre examen décèle, n'était-ce pas une révélation du métal? Il y a tout lieu de penser qu'elles furent les premières remarquées et exploitées. — La croûte d'oxyde couleur de rouille étendue à leur surface était un indice précieux qui put mettre sur la voie de la découverte des minerais. — Ceux-ci affleurent en certains endroits au niveau du sol, se trahissant par ces mêmes teintes rouillées.

Le minerai découvert, on le poursuivait à mesure de son exploitation par une excavation souterraine. Ainsi furent ouvertes les premières mines de fer. Pour arracher la pierre à métal des entrailles du sol, les pauvres mineurs en étaient réduits aux moyens les plus simples à la fois et les plus pénibles.

Quant aux procédés employés pour extraire le métal du minerai, ils différaient dans les détails suivant les temps et les lieux ; au fond, c'était toujours la même chose. Aux époques industrielles avancées les méthodes se diversifient : les moyens grossiers d'un premier travail varient peu. A ces périodes obscures de l'histoire, les procédés, réduits au dernier degré de simplicité, *primitifs* dans toute la force du terme, ne pouvaient que reproduire avec de légères variantes les moyens généraux imposés par les données mêmes et les conditions du travail à accomplir.

Premier travail du fer.

Pour avoir une idée du travail du fer dans l'antiquité la plus reculée, il nous suffira d'esquisser le tableau de ce travail tel qu'il fut aux lieux où nous en retrouvons les vestiges les mieux accusés, c'est-à-dire sur notre propre sol. C'est par centaines que l'on a retrouvées, sous des monceaux de scories, de ces vieilles forges de nos aïeux, en France, en Suisse, surtout dans les régions du Jura Bernois.

On a retrouvé leurs fourneaux en ruine, leurs outils, des masses de fer déjà forgées, d'autres à peine *réduites*, et tout informes, ensevelies sous les cendres au fond des creusets.

Forges du Jura. — C'est, dans la montagne, une région sauvage et boisée; sur la pente accidentée, des espaces éclaircis par la hache. Une place grossièrement aplanie, noire et comme brûlée, avec de petits tas de charbon et de minerai; au bord, des amas de scories qui s'écroulent en talus; quelques hangars abrités par des toits de fascines, comme la hutte du charbonnier dans nos bois : voilà le site, voilà l'usine. La mine est près de là; non loin, dans les clairières, les *places à charbon* d'où s'élèvent des fumées bleuâtres. Le fourneau s'adosse à l'escarpement; il est construit en pierres dures et cimenté d'argile. Sa forme extérieure, arrondie en dôme, rappelle celle d'un four rustique : il a deux ou trois mètres de hauteur. La cavité intérieure revêtue d'argile, offre à peu près la forme d'un cylindre. Une ouverture largement évasée au dehors, rétrécie vers le dedans par une paroi d'argile, est pratiquée à la partie inférieure. Le charbon, puis le minerai écrasé sur une pierre, sont versés alternativement par la gueule du four. Nous ne rencontrerons ici aucune trace de soufflets; le tirage naturel du four suffisait, on pouvait l'exciter ou le modérer en agrandissant ou en obstruant plus ou moins l'ouverture inférieure. — Et maintenant pour animer la scène, figurez-vous les mineurs et les charbonniers, gravissant les sentiers raides et tortueux, apportant dans des corbeilles grossières le charbon et le minerai; deux ou trois forgerons aux traits rudes et hâlés, alimentant et excitant le foyer. L'opération a duré plusieurs heures, elle va se terminer : on a laissé le feu s'affaisser. Des fragments de fer spongieux, tout imprégnés de scories, se sont amassés au fond du fourneau parmi les cendres

brûlantes. Les ouvriers agrandissent l'ouverture
inférieure; armés de perches de *bois vert*, ils recueillent les précieux fragments, les rapprochent,
s'efforcent de les agglomérer pour en former une
seule masse. Alors, la saisissant avec une pince de
fer, le forgeron arrache cette masse par l'ouverture,
et la porte sur une étroite enclume de fer : plus
anciennement, un bloc de pierre en tenait lieu. —
Puis voyez-vous ces pauvres cyclopes se hâtant de
battre la masse spongieuse tandis qu'elle est encore
ardente, à grands coups de leurs petits marteaux,
pour souder toutes les parties, resserrer le métal,
en exprimer les cendres et les scories. Un seul passage sous les marteaux n'eût pas suffi; il fallait
réchauffer le fer et le forger de nouveau. Les morceaux étaient réchauffés dans le fourneau même,
sur la *charge* bien embrasée, vers la fin de l'opération suivante. Le résultat, c'était un petit *saumon*
(masse) de fer, de qualité moyenne, pesant au plus
5 ou 6 kilogrammes. A cela aboutissaient tant d'efforts et de labeur.

Le métal obtenu était ensuite livré à d'autres
forgerons qui, toujours à l'aide du marteau, le
transformaient en épée, en haches, en outils de
toute sorte. Puis l'instrument ébauché était dressé,
poli, aiguisé sur la pierre. Aux époques primitives
un même travailleur cumulait sans doute toutes ces
fonctions, construisait le fourneau, réduisait le minerai, était forgeron, armurier — mineur au besoin,
charbonnier à l'occasion.

Forges Belges. — En Belgique, sur pays plat, la
forme des appareils était un peu différente. Le fourneau, construit dans un lieu découvert, offrait extérieurement l'aspect d'une petite tourelle légèrement
conique et de 1 à 2 mètres de hauteur. L'ouverture
inférieure largement évasée, était *orientée* (dirigée)
vers le point de l'horizon d'où soufflaient le plus
habituellement les vents de cette contrée (sud-ouest).
Le vent s'engouffrant dans cette sorte d'entonnoir

Forge antique du Jura restaurée, d'après les fouilles.

activait le tirage et tenait lieu d'un soufflet. Cette
ingénieuse disposition a fait donner le nom de *fours
à orientation* à ces antiques fourneaux belges et à
tous ceux où le courant d'air naturel était ainsi
utilisé. — Partout où il nous a été possible de retrouver quelques traces de la primitive métallurgie,
les fourneaux étaient construits d'une manière tout
analogue.

Premiers perfectionnements. — Le premier perfectionnement important aux procédés que nous
venons de décrire fut l'usage du courant d'air forcé,
en d'autres termes, des souffets. C'est dans l'Inde
qu'on en a rencontré les plus anciennes traces. Ces
soufflets d'une construction fort grossière, étaient
formés de peaux, et avaient pour tuyaux des *entre-
nœuds* de bambous naturellement creux, par où le
vent était amené jusqu'à l'entrée d'étroits conduits
pratiqués à la base du fourneau. — En Grèce et en
Italie, vers l'époque des fameuses *Guerres Puni-
ques,* des soufflets mus de mains d'hommes servaient
déjà à exciter la flamme dans les fours à extraire le
métal ; des appareils semblables animaient aussi les
foyers de forge où l'on faisait chauffer les barres de
fer pour les travailler sous le marteau et leur donner la forme définitive.

*Transformation des anciens foyers. Origines
des appareils modernes.* — L'emploi des soufflets
amena un changement considérable dans la construction des fourneaux. La forme élevée des anciens fours était nécessaire pour le tirage ; ce foyer
profond était comme une cheminée faisant appel à
l'air extérieur, qui affluant au-dessous venait alimenter la combustion. Mais elle avait un inconvénient : elle forçait à extraire la masse de fer produite par l'ouverture inférieure ; il fallait démolir
la paroi à cet endroit et la réparer à chaque opération. Du moment que des soufflets se chargent de
fournir l'air nécessaire, à quoi bon cette hauteur gê-
nante ? En abaissant autant que possible les parois

on diminuait la profondeur du foyer; on pouvait alors extraire la masse métallique par la *gueule* même du four, en écartant les charbons. On en vint ainsi à réduire le fourneau à une simple cavité peu profonde creusée dans le sol même et revêtue d'argile; le vent des soufflets y était lancé par une tuyère inclinée. L'opération devenait plus facile à surveiller; les fragments de fer produits pouvaient être rapprochés au fond du foyer, et la masse métallique s'enlevait sans difficulté. L'appareil ainsi modifié produisit le *bas-foyer*, qui, graduellement perfectionné, devint la *forge à la Catalane*, encore en usage aujourd'hui.

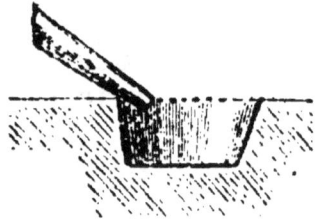

C'est surtout dans le Midi que cette transformation s'effectua. Dans le Nord, au contraire, on conserva la forme générale du fourneau, tout en y adaptant des soufflets, et en augmentant graduellement les dimensions. Il en résulta l'appareil connu sous le nom de *fourneau à loupe* (Stukofen), usité en Allemagne jusqu'aux siècles derniers, et que l'on peut considérer comme le point de

Coupe et plan du bas-foyer.

départ du *haut-fourneau* moderne. Ainsi se modifiant diversement, un même appareil primitif donna naissance aux deux types en contraste, du *bas-foyer* et du *haut-fourneau*.

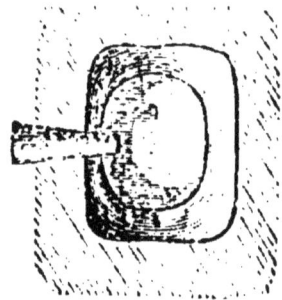

État de l'industrie du fer dans l'antiquité. — De tels perfectionnements coûtèrent des siècles et des siècles; ils se firent au prix de bien des tâtonnements, de bien des essais infructueux. L'ignorance des ouvriers perpétuait les méthodes défec-

tueuses et faisait obstacle au progrès. Le travail
était fort rude; le fourneau ne pouvait recevoir
qu'une faible proportion de minerai, la consommation de combustible était relativement énorme, le
produit très-minime. La qualité du métal était très-
diverse, bonne, médiocre, mauvaise, suivant les
lieux, les minerais; suivant le plus ou moins d'habileté routinière que possédait le forgeron : elle
variait d'une opération à une autre. Enfin, l'imper-
fection des appareils entraînait encore deux conséquences. La première, c'est que des minerais très-
riches pouvaient seuls être exploités. Pour les autres, si communs partout, si répandus, on ne pouvait en tirer parti; ils ne donnaient rien dans le
fourneau. La seconde, c'est que des minerais les
plus riches on ne retirait qu'une partie du métal :
le reste s'en allait dans les cendres et les scories.
A tel point que ces résidus de l'ancienne fabrication
sont aujourd'hui repris par l'industrie, et traités
absolument comme de véritables minerais, encore
assez avantageux. Tout cela se réunissait pour
rendre la production très-restreinte : l'antiquité dut
subir toutes ces conditions. Lorsque les besoins se
multiplièrent, il fallut suppléer à l'insuffisance des
méthodes par le nombre des travailleurs : c'était
l'ancien système. Les mines de la Gaule, par exemple, sous la domination romaine, employaient un
très-grand nombre d'ouvriers, presque tous des
condamnés : partisans malheureux, esclaves ré-
voltés, grecs filous; voleurs de grand chemin ou
prisonniers de guerre, coupables d'avoir assassiné
au coin d'un bois, ou d'avoir défendu leur patrie.
Les petites forges que ces mines alimentaient étaient
semées par centaines dans les régions minières des
Pyrénées, du Centre, des Ardennes, où leurs scories accumulées ont fini par former des amas effrayants, véritables collines.

*Progrès de l'industrie métallurgique au moyen
âge.* — Le moyen âge fut une époque d'activité et

de progrès pour le travail du fer : on bataillait tant ! il fallait des épées. La chevalerie développa le goût des belles armures. Ces sortes de carapaces de fer qui protégeaient le corps du guerrier, le chargeaient outre mesure, il est vrai, et gênaient ses mouvements au point que s'il tombait de cheval il lui était presque impossible de se relever... n'importe ! il y en avait qui étaient des chefs-d'œuvre. L'armure se composait d'un grand nombre de pièces soigneusement polies, artistement ajustées ; elle était souvent ornée de ciselures délicates, enrichie d'or, d'argent, de cuivre, d'émaux précieux. Les forgerons, les serruriers, les armuriers avaient acquis une merveilleuse habileté à manier le marteau, le pointeau, le burin : les armuriers Lombards surtout étaient célèbres. — Il nous reste de cette époque des objets d'art d'un travail exquis. L'acier, connu depuis la plus haute antiquité, s'obtenait par des méthodes qui étaient peu en progrès ; mais, à force de travail, on en obtenait d'excellente qualité. Aussi les armes de belle façon étaient-elles d'un très-haut prix, et faisaient l'orgueil de ceux qui les possédaient. Mille légendes témoignent du cas infini qu'on faisait d'une bonne lame, finement trempée : c'est la Durandal de Roland, qui taillait les rochers ; c'est l'épée de Richard-Cœur-de-Lion qui tranchait en deux une enclume ! ! Les armes d'Espagne étaient renommées dans toute l'Europe ; mais une bonne épée de France n'était pas non plus à dédaigner. Les brillants chevaliers Maures avaient des cimeterres d'un tranchant merveilleux, disait-on ; et les lames d'Orient étaient d'une trempe incomparable. Ces dernières étaient faites en acier de l'Inde, et venaient par Damas : en posséder une fut le rêve de maint héros de tournois.

L'art d'extraire le métal progressa comme celui de le travailler. Vers le xive siècle le *bas-foyer* a pris peu à peu la forme définitive de la forge Catalane que nous décrirons plus loin. Au xve, les soufflets sont mus par l'eau; et le lourd marteau mis en jeu par une roue hydraulique remplace les *masses* (gros marteaux à bras) des anciens forgerons. En Allemagne, le *fourneau à loupe* (Stukofen) va s'élevant et s'élargissant; on a découvert le rôle des *fondants*, matières qui, ajoutées au minerai, favorisent la *réduction* du métal. Enfin au xvi° siècle la *fonte*, découverte dès le xii°, prend une place importante. — Ici commence la période moderne.

Le travail du fer chez certains peuples à l'époque contemporaine. — Jetons pour finir un rapide coup d'œil sur les procédés du travail du fer chez les peuples modernes encore étrangers à notre civilisation. Si nous faisions le tour du monde nous aurions occasion de vérifier ce qu'il nous avait été donné de pressentir déjà, en retrouvant partout, chez ces peuples attardés, les mêmes procédés primitifs dont se servaient nos ancêtres. — Il faut encore citer ici l'Inde pour exemple. Malgré l'excellence des aciers qu'elle produit, les procédés d'extraction du fer y sont encore à l'état d'enfance. Le forgeron Hindou se construit aujourd'hui, comme il y a des siècles, un petit fourneau cylindrique en argile, assez semblable de forme aux *fours belges* précédemment décrits, et de 1ᵐ 20 à 1ᵐ 50 de hauteur. Seulement l'action du vent est ici remplacée par l'haleine haletante de deux soufflets grossiers en peau de chèvre, qu'un homme fait mouvoir en les foulant du pied, et faisant porter le poids de son corps sur l'un et sur l'autre alternativement. Les conduits sont en bambou, les tuyères en argile. — Rien n'est changé, vous le voyez, depuis les temps immémoriaux. Le minerai, de très-bonne qualité, le charbon, sont versés alternativement. Au bout de 3 ou 4 heures *on démolit le bas du fourneau* pour retirer une petite masse, qui vigoureusement battue et divisée en petites plaques fournira d'excellent fer à acier : mais si peu!

Ailleurs c'est encore pis. En Birmanie, chez les

Africains du Sénégal, du haut Nil, ce sont de petits fours sans soufflets, sur le modèle des *fours belges.* Chez les Tartares, au contraire, chez les Cafres, sur les bords du Zambèse, c'est l'autre type. Imaginez un petit trou creusé dans la terre, une paire de soufflets, de diverses formes, manœuvrés des deux mains alternativement, une corbeille de charbon versée dans le trou, quatre poignées de minerai, — un morceau de fer gros comme un œuf de poule. — Pour outils, de petits marteaux, une tenaille, une enclume, souvent une simple pierre plate... Ne vous semble-t-il pas que nous relisons un de nos précédents paragraphes? — Mais c'est assez. Pour donner de l'intérêt à une revue de ces ébauches premières d'une industrie métallurgique chez des peuples barbares ou même sauvages, il faudrait pouvoir citer les détails pittoresques, les traits de couleur locale qui animeraient le tableau : or, c'est ce que nous interdit le cadre étroit de ce petit ouvrage.

Nous venons d'esquisser à grands traits l'historique de la découverte et du premier travail du fer ; nous avons vu l'humanité désormais en possession de son plus précieux outil. Il est temps maintenant de considérer le métal en lui-même, d'observer les propriétés physiques et chimiques auxquelles il doit cette valeur incomparable. Par là seulement nous pouvons nous rendre compte du rôle qu'il a joué dans les progrès du travail, et des procédés par lesquels la savante métallurgie contemporaine a donné à sa production l'impulsion immense qui a métamorphosé toute notre industrie.

DEUXIÈME PARTIE

ÉTUDE DES PROPRIÉTÉS DU FER

Propriétés physiques.

Densité, ténacité. — Le fer est un métal d'appa-rence modeste ; il n'attire pas, il n'éblouit pas le regard, avec sa couleur gris blanc, légèrement teintée de bleuâtre, et qui rapidement se ternit à l'air. C'est à l'épreuve qu'il révèlera ses solides qualités Préparé par le chimiste à l'état de pureté absolue, le fer, qui alors offre une couleur blanche argentine, a une *densité* exprimée par le nom-bre 7,25 ; en d'autres termes, il pèse 7 fois 1/4 au-tant que l'eau : mais des causes diverses peuvent, comme nous le verrons bientôt, faire varier un peu ce rapport. C'est là, du reste, un poids moyen entre les extrêmes ; le fer en cela se tient à égale distance des métaux pesant 18 fois, 20 fois le poids de l'eau, ou plus encore (or, platine), et de ceux dont la légèreté fait éprouver de l'étonnement lors-qu'on les soulève (Aluminium, magnésium, etc.). Mais la propriété caractéristique du fer, celle par laquelle il l'emporte sur tous les métaux, — la plus précieuse aussi pour nous, — c'est son extrême ténacité, sa résistance extrême à la rupture. Un fil de fer de deux millimètres de diamètre supporte avant de rompre un poids de 250 kil. Quand on fait l'expérience en augmentant graduellement la charge, on voit le fil de fer s'allonger sous l'effort de la traction, mais d'une faible quantité seulement. La puissante ténacité du fer se fait évaluer de mille manières dans la pratique ; mais rien ne la met aussi bien en évidence que l'audacieuse construction des *ponts suspendus* à grande portée, qu'on voit traverser d'un seul élan non-seulement le fleuve, mais la vallée, à des hauteurs effrayantes pour le regard. Les *câbles* qui ont à soutenir, en outre du poids du *tablier*, celui des voitures lourdement chargées, d'un train entier, sont des faisceaux de fils de fer, non tordus, mais seulement liés de distance en distance. Or, le calcul démontre que l'effort de tension auquel ils doivent résister est énormément supérieur au poids même qu'ils soutiennent. — On cite en Suisse le grand pont de Fribourg, en France, ceux de la Roche-Bernard, de Saint-Claude, de Cubzac, etc. ; mais ces belles « expériences en grand » sur la ténacité du fer sont surpassées en grandiose et en apparente témérité par certaines constructions Américaines, notamment par le pont du Niagara, jeté à peu de distance de la chute qui porte le même nom.

Ductilité du fer. — *Ecrouissage; recuit.* — La dureté est une qualité tout à fait distincte de la ténacité ; ainsi le fer, si résistant, n'est pas dur ; il serait plutôt mou comparativement ; le tranchant de l'acier l'entame facilement, et la coupure est vive et nette. Il est extrêmement *liant* et flexible. Un fil de fer (recuit) si difficile à rompre, plie avec la plus grande docilité ; il se laisse tordre, rouler, redresser. On peut voir au Conservatoire des Arts-et-Métiers des barres de fer de la grosseur d'un fort essieu, pliées court, à froid, entrelacées, *nouées* comme de simples fils. Il a certes fallu y employer une force énorme : mais du moins le métal s'est laissé imposer cette violence ; il a fléchi, il n'a pas rompu. De plus, un fil de fer plié garde la flexion qu'on lui a donnée ; il ne se redresse pas, au moment où on l'abandonne. Cela revient à dire que le fer pur manifeste très-peu d'élasticité ; contraste bien frappant avec l'acier, qui s'en montre doué à si haut

degré. Le fer est *malléable*, c'est-à-dire qu'au lieu
de se briser comme le ferait l'acier (trempé), il se
laisse aplatir, étendre à *froid*, sous le marteau ; il
prend l'empreinte des chocs. Il s'aplatit, s'allonge
et s'élargit de même à froid, entre les cylindres
du *laminoir*. Contraint par un effort de traction
énergique à passer par le trou trop étroit de la
filière, il *s'étire*, c'est-à-dire s'allonge en se rétré-
cissant, et prend la forme d'un fil. Le fer se prête
fort bien à ces opérations : propriété que l'on ex-
prime en disant qu'il est *très-ductile*.

Cependant de telles épreuves subies, flexion ou
torsion, passage au laminoir ou à la filière, ont
pour effet d'altérer la texture intime du métal en
mettant ses *molécules* (parcelles imperceptibles
qui composent la masse) dans un état violent et
contraint, différent de leur équilibre naturel. Le
fer le plus *doux* (ductile, malléable) devient ainsi
plus dur, plus raide, plus élastique, mais surtout
plus cassant : il devient *aigre*, comme disent les
ouvriers ; il *s'écrouit*. A force d'être tourmenté,
comprimé, il perd ses précieuses qualités de ductilité, de ténacité ; et si *l'écrouissage* est porté à
l'extrême, le fer en vient à rompre sous le plus petit
effort. Pliez un grand nombre de fois au même endroit et en sens contraire un fil de fer ; vous sentez
que la résistance va augmentant ; puis, tout à coup,
il rompt, sec et net. Heureusement que par le *recuit*, opération consistant à porter le métal à la
chaleur rouge, on peut détruire complétement l'effet de l'écrouissage, rendre au fer ses propriétés
premières, qui permettront de le soumettre à de
nouvelles épreuves.

Altération de texture du fer. — Mais le fer
est susceptible d'une altération de texture plus profonde. Lorsqu'on rompt une barre de fer pur, la cassure présente un aspect grenu, à grains très-fins,
une couleur grisâtre mate et uniforme. Quand le
fer a été étiré, allongé sous le marteau, au lami-

noir ou à la filière, sa texture devient *fibreuse ;* la cassure montre en effet comme des fibres déchirées qui ont plié avant de rompre. Il suffit de briser une *pointe* de menuisier (pointe de Paris) pour observer cette texture. Mais dans certains cas, par l'action de chocs répétés, de vibrations longtemps prolongées et sous l'influence mystérieuse du magnétisme, une barre de fer d'excellente qualité et très-tenace à l'origine se transforme graduellement, prend dans sa masse une texture cristalline. Ainsi transformée, elle peut rompre sous le moindre effort. Et quand elle a rompu, sa cassure montre de larges facettes miroitantes, comme si la masse métallique n'était plus qu'un amas de gros grains cristallins [1] faiblement agglomérés. Les câbles des ponts suspendus et les essieux des wagons sont surtout exposés à cette altération de texture, d'autant plus dangereuse que rien ne la trahit au dehors, jusqu'au moment où elle se révèle par une rupture subite, pouvant entraîner les plus terribles accidents. Pour rendre au fer ainsi modifié sa texture première et sa ténacité, il ne suffit plus cette fois de le chauffer, il faut le forger à nouveau.

Effets de la chaleur sur le métal. — Le fer est assez bon *conducteur* de la chaleur : c'est-à-dire que la chaleur se répand assez facilement dans sa masse et se transmet graduellement du point chauffé aux parties plus ou moins éloignées. Cependant la transmission de la chaleur par l'intérieur de la masse métallique est loin d'être aussi facile pour le fer que pour l'or, l'argent, le cuivre. C'est pour cela que le forgeron peut tenir à la main une barre de fer à quelque distance de l'extrémité rougie à blanc : avec une barre d'or ou d'argent ce serait impossible. Tout le monde sait par mainte expérience involontaire qu'une cuiller d'argent plongée par une extrémité dans un potage très-chaud brûle les doigts

1. Grains à facettes, comme ceux du sel, du sucre, etc.

qui la saisissent par l'extrémité opposée ; une humble cuiller de fer est incapable d'une telle perfidie, la chaleur ne se transmettant pas assez facilement à travers sa masse.

Le premier effet de la chaleur sur le fer (comme du reste sur toute matière) est de le *dilater*, d'augmenter en tous sens ses dimensions. Une barre de fer chauffée s'allonge ; et en même temps elle augmente en largeur et en épaisseur. Mais cette *dilatation* est bien peu sensible, puisque pour chaque degré de chaleur de plus une barre de fer s'allonge à peine d'un cent-millième de sa longueur première. Si au lieu de s'échauffer la barre de métal se refroidit, elle se *contracte*, elle se raccourcit dans les mêmes proportions. Quelque petits que soient ces allongements et ces raccourcissements, il est cependant des cas où il faut en tenir compte : dans la construction des lignes de chemin de fer, des ponts métalliques, des machines délicates. Ces mouvements de dilatation et de contraction si peu apparente s'accomplissent avec une force irrésistible, dont on a su tirer parti en diverses circonstances.

A mesure que la température s'élève, le fer, se dilatant de plus en plus, se ramollit ; et l'effet de ce mouvement intérieur des molécules se fait sentir même après le refroidissement, par les conséquences du *recuit*. Soumis à une chaleur croissante, le fer rougit ; il prend successivement les couleurs désignées sous le nom de *rouge brun*, ou *rouge sombre, rouge cerise, rouge clair, rouge blanc, blanc éblouissant ;* on apprécie le degré de chaleur par les teintes qu'il prend et l'intensité de la lumière qu'il rayonne. De plus en plus le métal se ramollit ; au blanc éblouissant il se laisse pétrir, souder sur lui-même ; à un degré supérieur encore, il est pâteux, demi-coulant. Pour que le fer devienne tout à fait fluide il faut une chaleur excessive (1800°) rarement atteinte dans l'industrie ; mais les composés du fer, l'acier et surtout la *fonte*, sont beaucoup plus fusibles. Nous ne nous étendrons pas davantage ici sur les faits de cet ordre, vu que nous aurons, dans le cours de cet ouvrage, les occasions les plus diverses d'observer les effets de la chaleur sur le métal.

Propriétés électriques et magnétiques du fer. — Relativement à l'*électricité* nous nous contenterons de rappeler que le fer, sans être parmi les meilleurs *conducteurs*, transmet assez bien cependant les courants électriques : ce qui lui a valu d'être employé dans la construction des *paratonnerres* destinés à protéger nos édifices, et, sous forme de fils *conducteurs*, dans les lignes télégraphiques. Mais nous ne pouvons passer sous silence une propriété extrêmement remarquable et importante du fer, propriété quasi merveilleuse et qui se rattache encore aux phénomènes électriques : nous voulons parler du *magnétisme*. Dès la plus haute antiquité on savait que le fer est attiré par l'aimant (*magnès* en grec, d'où *magnétisme*). La *pierre d'aimant* ou *aimant naturel* n'est elle-même autre chose qu'un *oxyde de fer*. Là s'arrêtait la science des anciens : les modernes ont fait des propriétés de l'aimant le champ des plus fécondes découvertes. Le fer n'est pas le seul métal sur lequel on puisse observer la propriété magnétique ; on en découvre des indices chez un très-grand nombre de substances. Deux métaux, le *nikel* et le *cobalt*, la possèdent avec quelque intensité. Mais le fer est hors de ligne à cet égard.

En des conditions très-diverses en apparence, et qui pourtant se réduisent toutes à un certain mode d'agir des forces électriques, le fer prend la propriété d'attirer le fer. Un morceau de métal doué de cette propriété est dit *aimanté :* un autre morceau de fer placé à sa portée est plus ou moins vivement attiré ; et ce dernier lui-même devient aimanté de ce fait. Le fer pur et ductile, le fer *doux*, perd immédiatement ses propriétés magné-

tiques, dès que les causes qui les avaient fait naître
cessent d'agir sur lui ; mais par un constraste bien
frappant, l'*acier*, lui, l'acier trempé qui peut être
aimanté comme le fer, conserve indéfiniment l'aimantation une fois donnée. Un barreau d'acier
trempé, puis aimanté, constitue désormais un *aimant artificiel permament*, capable d'attirer d'autres morceaux de fer et d'acier, et de leur communiquer, sans s'appauvrir, les propriétés dont il est
doué. — Mais ceci n'est qu'un point de départ.
L'aimantation passagère du fer, l'aimantation per-
manente de l'acier ; l'électricité, dans certaines conditions, produisant l'aimantation, et réciproquement
l'aimantation mettant en jeu l'électricité : voilà les
faits premiers d'où dérive une merveilleuse série
de phénomènes, objet d'une science née avec ce
siècle : l'*Electro-magnétisme*. Quant aux applications, faut-il pour faire apprécier les découvertes
déjà réalisées et ouvrir une perspective sur l'avenir, citer la *télégraphie électrique*, un nouveau
moteur, un nouveau mode d'éclairage des phares,
un moyen d'inflammation à distance applicable à
l'art des mines et à la défense du territoire, etc., etc.
— Du moins nous ne pouvons perdre de vue qu'une
aiguille d'acier aimantee, dirigée vers le pôle par
l'influence de la terre, — laquelle est elle-même un
gigantesque aimant — a donné au navigateur un
guide, et à l'Ancien Monde le Nouveau, C'est à l'une
des propriétés physiques du métal objet de notre
étude que nous devons la découverte de l'Amérique.

Quelque attrait que puissent offrir les phénomènes
de cet ordre, nous devons nous résigner à les citer
seulement en passant, et comme pour mémoire ;
l'exposé le plus sommaire nous entrainerait au delà
des bornes qui nous sont imposées, tant est riche
la matière. Il nous faut maintenant faire plus intime connaissance avec le corps doué de tant de
précieuses propriétés par un rapide coup d'œil jeté
sur son *histoire chimique*, c'est-à-dire sur sa ma-

nière de se comporter avec les autres substances
lorsqu'il s'associe avec elles, et sur les phénomènes
les plus remarquables auxquels donnent lieu ces
combinaisons.

Propriétés chimiques du fer.

Affinités du fer. — Le fer est regardé par les
chimistes comme un *corps simple*; ce qui veut
dire que du fer on n'a jamais pu, jusqu'ici du moins,
extraire autre chose que du fer; qu'on n'a jamais
réussi à le dédoubler en deux substances de nature
différente, comme on le fait par exemple de l'*eau*,
quand on la décompose en deux *gaz* distincts (*hydrogène, oxygène*). Nous considérons donc une
masse de fer comme formée d'un nombre incalcu-
lable de parcelles excessivement petites, toutes semblables entre elles, que nous nommerons *atomes*.
Un *atome de fer* — la plus petite quantité possible
et imaginable de fer, absolument imperceptible, un
vrai point géométrique... dans le plus petit grain
de limaille il y en a des milliards, tous identiques,
tous réunis par une force intérieure qui les maintient groupés, liés l'un à l'autre : sans quoi ils se
sépareraient, et la masse entière se disséminerait,
s'évanouirait. Telle est la constitution intérieure
de toute matière simple.

Notre lecteur a certainement une idée plus ou
moins précise de ce qu'on nomme une *combinaison*. Imaginons donc un atome d'une matière simple, un *atome de fer*, par exemple; en face, un
atome de nature différente : soit un atome de soufre. Mis en présence, ces deux atomes s'attirent, se
réunissent. Ils sont maintenant non pas simplement
rapprochés, en contact, mais associés, étroitement
unis ; il s'est passé entre eux un invisible échange ;
ils ne font plus qu'un pour ainsi dire : voilà une
combinaison. Cette force qui les a entraînés l'un
vers l'autre et qui désormais les tient unis, les

rattache l'un à l'autre avec une énergie extrême, sans nous demander ici quelle peut être sa nature, constatons son action, donnons-lui un nom ; appelons-la *force d'affinité*. — Et si maintenant nous voulons séparer ces deux atomes, il faudra employer pour les arracher l'un à l'autre *une force plus grande que celle qui les unit*. Cette séparation violente est ce qu'on nomme *décomposition*.

Figurons sur le papier un atome de fer par un point surmonté de la lettre F ; un atome de soufre également par un point, surmonté de la lettre S :

$$F \qquad\qquad S$$

Si nous voulons exprimer que ces deux atomes se sont associés, rapprochons jusqu'au contact les deux points ; mettons entre les deux lettres F et S un petit trait d'union (double) symbolisant la force qui unit les deux atomes ; nous aurons une représentation conventionnelle du phénomène :

$$F = S$$

Nous pourrions symboliser de même toute autre combinaison, en convenant de désigner par leurs lettres initiales (il en faut souvent deux pour éviter l'équivoque) les matières dont il s'agit : *charbon* ou *carbone* C ; *phosphore* Ph ; *cuivre* Cu ; *oxygène* O ; etc., etc. — Dans la pratique, on supprime les points ; les chimistes négligent de même le plus souvent les traits d'union, symboles de l'union des atomes, se contentant de réunir les lettres sans intermédiaire.

Ainsi F S représentera le *composé* formé d'un atome de fer uni à un atome de soufre ; C O le composé d'un atome de carbone et d'un atome d'oxygène. Tel est le point de départ de ces *formules* qui rendent aux chimistes de si grands services, en figurant d'une manière si rapide et si claire pour l'œil la formation des substances composées ; nous y aurons nous-mêmes plus d'une fois recours. — Hâtons-nous de rappeler que les atomes peuvent se grouper non seulement deux à deux, mais trois à trois, quatre à quatre, etc., formant ainsi des groupes de plus en plus compliqués. Ainsi deux atomes de soufre peuvent s'unir à un seul atome de fer pour former un composé que nous écrirons : $S = F = S$ ou plus simplement $F S^2$ (le petit chiffre dit *exposant* écrit *au haut* de la lettre, *et après*, indique par abréviation combien d'atomes de la substance désignée entrent dans le groupement). De même nous représenterons par $O = C = O$ ou plus simplement par CO^2 la combinaison formée de trois atomes, un de *carbone*, deux d'*oxygène*. Quand deux ou plusieurs substances de nature diverse se combinent, entendons que leurs atomes se groupent ainsi deux à deux, trois à trois, etc. ; la nouvelle substance, la *substance composée* formée de tous ces groupes réunis peut bien n'avoir plus rien dans son aspect, dans ses propriétés extérieures, qui rappelle les *éléments* dont elle est formée : tant est profonde la transformation que produit l'action chimique, si grand est le mystérieux travail intérieur des *forces d'affinité*.

Le fer donc, comme toute autre substance simple, est susceptible de se combiner, atome par atome, avec beaucoup d'autres matières, et en proportions très-diverses, formant ainsi un nombre extrêmement considérable de *composés*, différents d'aspect et de propriétés. Notre tâche n'est pas de les décrire tous ; même en nous bornant aux plus intéressants d'entre eux, à ceux qui ont une réelle importance au point de vue des diverses industries, nous dépasserions les bornes trop étroites non seulement de ce chapitre, mais du livre lui-même. Nous esquisserons donc seulement l'histoire chimique du fer, décrivant sommairement les phénomènes principaux, les combinaisons principales ; nous arrêtant à ce dont la connaissance est indispensable pour l'intclligence des *procédés métallurgiques*, matière spéciale de ce petit ouvrage.

Action de l'oxygène sur le fer. — Le point capital de l'histoire chimique du fer, c'est sa manière de se conduire avec l'oxygène. L'oxygène, air vital, partie respirable de l'air, substance simple et primordiale, répandue partout ; élément essentiel de la roche solide, de l'eau, aussi bien que de l'air; l'oxygène, agent par excellence de la combustion ; aliment de la flamme, aliment indispensable de la vie, l'oxygène a une grande tendance à s'unir au fer. Pour le chimiste, *brûler* c'est *se combiner avec l'oxygène*. Le fer *brûle* lentement ou vi-

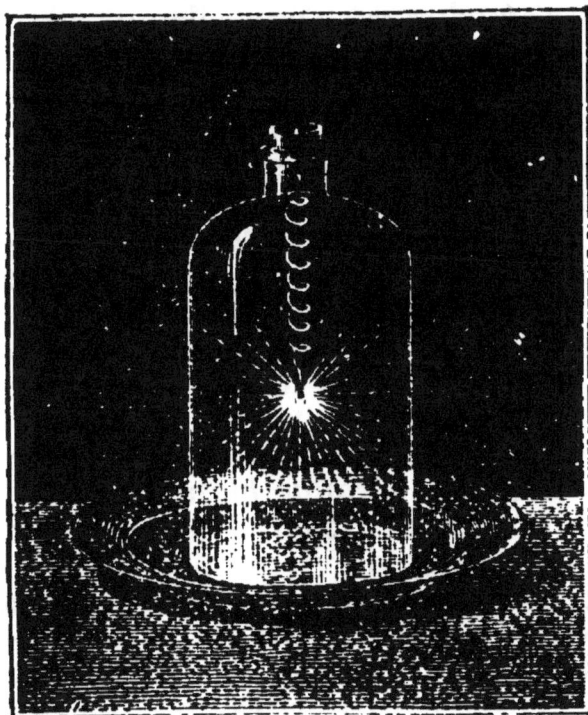

Combustion du fer dans l'oxygène pur.

vement, suivant les cas. Un morceau de fer cependant, introduit dans un flacon plein d'oxygène pur et sec, garde son poli ; il ne s'altère pas, il ne s'unit pas à l'oxygène. Mais si la chaleur, qui favorise toute combustion, intervient, si le fer est échauffé jusqu'au rouge, alors tout change. Le fer, *allumé* pour ainsi dire, brûle ; il brûle comme le soufre, comme le charbon : mieux encore. Il brûle en produisant une extrême chaleur, une lumière éblouissante, en projetant de vives étincelles. Le phéno-

mène est splendide. Pour faire l'expérience on fixe
d'ordinaire à un large bouchon de liége une petite
spirale de fer (ressort de montre) ; son extrémité soutient un petit morceau d'amadou. L'amadou allumé,
on plonge rapidement la spirale dans un vaste flacon rempli de gaz oxygène, et que l'on croirait vide,
car l'oxygène est invisible comme l'air. Le petit
point rouge de l'amadou est l'étincelle qui allume
l'incendie. Le fer s'échauffe, rougit ; il prend feu,
il brûle, brillant à faire baisser la vue, lançant des
étincelles, et laissant tomber au fond du flacon des
gouttelettes ardentes. Les atomes de métal surexci-
tés et rendus plus libres par la chaleur s'unissent
aux atomes d'oxygène. Les gouttelettes ardentes
qui tombent au fond du flacon et s'y incrustent, en
se refroidissant se solidifient en perles noirâtres ;
c'est le *composé de fer et d'oxygène ;* c'est de
l'*oxyde de fer*, produit définitif de l'opération.

Il y a dans l'air de l'oxygène : un cinquième environ [1] ; et c'est grâce à lui que l'air entretient la combustion. Le fer chauffé au *rouge blanc* brûle dans
l'air. Une barre sortant du foyer d'une forge bien
active *s'oxyde* en lançant de vives étincelles. Si le
forgeron la bat, l'oxyde de fer brûlant jaillit à chaque coup de marteau, et retombe autour de l'enclume
en une pluie de feu : cet oxyde de fer, tombé à
terre et refroidi, forme ces paillettes noirâtres (*battitures*) qu'on recueille sous les enclumes. Bientôt
cependant le fer se ternit et s'éteint. Mais si vous
présentez au jet d'air qui sort de la *tuyère* du soufflet l'extrémité de la barre tandis qu'elle est encore
toute éblouissante de chaleur, au lieu de se refroidir plus vite, comme on pourrait s'y attendre, le
fer, au contraire, cette fois ne s'éteint pas. Il continue
de brûler, et presque aussi vivement que dans l'oxygène. C'est qu'en effet le courant d'air rapide lui

---

1. Le reste est de l'*azote*, gaz inerte, irrespirable, impropre à l'entretien de la combustion.

apporte, en se brisant à sa surface, de l'oxygène en
abondance. Le souffle excite la combustion du métal, comme il excite celle du bois, du charbon. Quand
le fer incandescent est *divisé* en fines parcelles, il
brûle plus facilement encore. Voyez ces belles
pluies de feu, ces gerbes d'étincelles de nos *feux
d'artifice*, si éblouissantes dans la nuit : c'est à la
combustion du fer qu'elles doivent leur splendeur.
De la limaille de fer mêlée à la poudre que contient
la fusée est violemment projetée, toute rouge, à
travers l'air ; elle s'embrase, jaillit en pluie d'étincelles : puis, éteinte, retombe en noirs globules
d'oxyde de fer. C'est encore un phénomène tout semblable qui se produit par le choc du *briquet*, ou
quand le feu jaillit sous les fers du cheval frappant
le pavé. Les fines parcelles de métal, détachées par
le choc contre la pierre dure, et fortement échauf-
fées par ce frottement violent, prennent feu en
s'oxydant, sont projetées en étincelles qui enflamment l'amadou. Recueillez-les, vous trouverez de
petites perles noires d'oxyde.

Le fer incandescent s'oxyde au contact de l'air;
retenons bien ce fait, capital au point de vue métallurgique. A froid, dans l'air parfaitement sec, le
fer ne s'oxyde pas. Mais l'air que nous respirons est
toujours plus ou moins humide; il contient en outre
certaines substances qui favorisent l'oxydation
(Acide carbonique, etc.). Nous voyons un morceau
de fer poli exposé à l'air humide se *piquer* de petits
points brunâtres, taches presque imperceptibles d'a-
bord, qui vont s'élargissant et envahissent toute la
surface. Nous disons alors que le fer se *rouille*.
Plus ou moins rapidement, plus ou moins lentement, la barre de fer se ronge ; la rouille se détache
par écailles. C'est l'affaire des années, ou des siècles.
Alors, attaqué jusqu'au cœur, l'objet de fer s'est
entièrement converti en une masse informe, qu'un
choc ferait tomber en poussière. C'est encore l'œuvre de l'oxygène. Favorisé par l'humidité, il s'est

combiné avec le fer, détachant un à un les atomes, pour s'en emparer. Lentement, le métal s'est oxydé, c'est encore une *combustion véritable;* mais une combustion longue et paisible. Le fer a mis un siècle à brûler, au lieu de quelques minutes, voilà la diffé- rence ; la chaleur dégagée par cette combustion s'est dissipée à mesure; l'oxyde produit, c'est la *rouille.*

Le fer et l'oxygène forment plusieurs combinaisons diverses, suivant les groupements divers des atomes; il y a plusieurs *oxydes de fer,* qui prennent nais- sance dans des conditions différentes. Le plus sim- ple est l'oxyde formé par l'union de chaque atome de métal avec un atome d'oxygène : Fe O (Protoxyde de fer). Mais celui-ci ne se produit que dans certai- nes *réactions* chimiques. Le plus important est le composé assez compliqué $Fe^2 O^3$, où chaque groupe contient 5 atomes; 2 de fer, 3 d'oxygène. C'est l'oxyde qui forme la rouille (Peroxyde de fer). Il offre des teintes variées, depuis le jaune pur, l'orange, jus- qu'au rouge sang. Réduit en poudre très-fine, sous le nom de *rouge à polir* il sert à donner le brillant aux métaux ; on en fait des couleurs gros- sières, mais solides. Bientôt nous verrons quel est, dans la nature et dans l'industrie, le rôle multiple de ce composé remarquable. — L'oxyde noirâtre qui se produit quand le métal incandescent brûle dans l'oxygène ou dans l'air, les *battitures* que le mar- teau détache du fer rouge, contiennent à la fois, en proportions diverses, les deux oxydes réunis : (Fe O, $Fe^2 O^3$). Enfin dans un grand nombre de cas l'oxyde formé s'unit à de l'eau, et produit ce qu'on appelle un *oxyde hydraté* (aqueux).

Réduction des oxydes de fer. — Nous venons de voir le métal dans l'acte de sa combinaison avec l'oxygène ; disons maintenant un mot de l'opération inverse, de la décomposition de l'oxyde. Cette réac- tion qui dégagera le fer et nous le rendra sous sa forme métallique, porte le nom de *réduction.* C'est là l'opération capitale de la métallurgie ; aussi est-il indispensable pour nous d'en esquisser la théorie, très-simple du reste.

Pour défaire une combinaison, le chimiste dispose de bien des moyens différents. De quoi s'agit-il? de mettre en œuvre, pour séparer les atomes, une force plus énergique que celle qui les maintient unis. L'*électricité*, puissance à laquelle rien ne résiste, peut décomposer toute combinaison. Beaucoup de substances peuvent être dissociées par l'action de la chaleur seule, plus ou moins intense. Mais la force d'affinité qui unit le fer à l'oxygène est si puissante, que la chaleur la plus violente dont nous disposions ne saurait les séparer. Il faut avoir recours à un autre moyen. Allons chercher un auxiliaire.

Pour faire notre démonstration sur le cas le plus simple, imaginons un atome de fer et un atome d'oxygène formant le composé Fe O. Amenons ici *en présence*, c'est-à-dire au contact et dans les conditions nécessaires pour que l'action ait lieu, un atome de carbone [1] C :.

$$\text{Fe O} \qquad + \qquad \text{C.}$$

Oxyde de fer   et   Carbone

L'oxygène est, comme nous le savons, fortement attiré et retenu par le fer; mais il a pour le *carbone* une attraction plus grande encore de beaucoup. Cet atome de carbone C va, pour ainsi dire, tirer violemment de son côté l'atome d'oxygène. Celui-ci dès lors, sollicité par une force supérieure à celle qui l'unit au métal, va se détacher de lui pour aller se combiner au carbone qui l'attire plus énergiquement. Une combinaison se fait, une autre se défait. L'oxyde de fer est décomposé, le fer est *réduit*; l'oxygène et le carbone unis forment de l'*oxyde de carbone*. L'oxygène n'a fait que changer de compagnon. — Et comme *rien ne se crée, rien ne se perd*, nous pouvons représenter ce qui vient de se passer

---

1. Nom chimique du charbon pur.

par une *égalité* (une *équation*, comme disent les mathématiciens) indiquant que tous les éléments qui existaient se retrouvent, autrement groupés :

Avant l'action.			Egalité	Après l'action.
Fe O	+	C	=	Fe + CO
Oxyde de fer	et	carbone.		Fer et oxyde de carbone.

Ce n'est ici du reste qu'une application d'une *loi* générale. Dans les circonstances qui permettent à l'action chimique de se produire, *un atome quitte celui pour lequel il a moins d'affinité, et se porte vers celui pour lequel il a une affinité plus grande.* De même le principe d'égalité avant et après l'action, et la formule d'é-quation qui le tra-duit, sont d'ap-plication univer-selle. Nous aurons lieu de nous ser-vir de telles for-mules. — Disons enfin, que l'oxy-gène des oxydes de fer plus com-pliqués de com-position (Fe² O³ etc., etc.), peut être enlevé, et le métal réduit abso-lument de même,

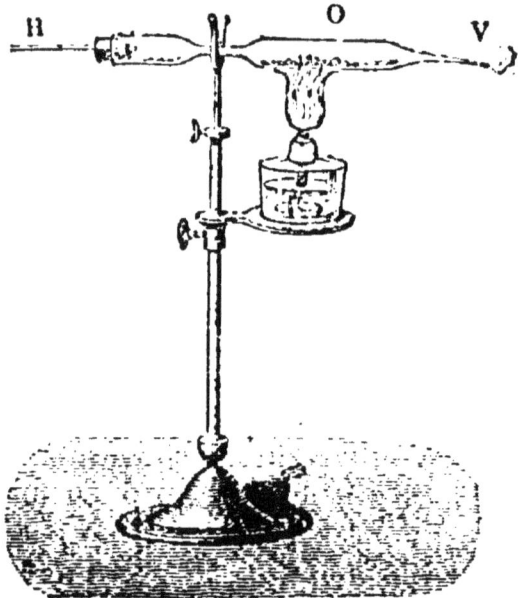

Réduction de l'oxyde de fer par l'hydrogène. — O, oxyde de fer contenu dans un gros tube effilé et chauffé par une lampe. — V, vapeur d'eau formée qui s'échappe par l'extrémité effilée du tube. — H, petit tube amenant le gaz hydrogène produit dans un appareil spécial.

Pour arracher au fer son oxy-gène, le chimiste pourrait employer une substance quelconque ayant plus d'affinité pour ce dernier que le fer lui-même. Dans la pratique cependant on emploie de préfé-

rence et presque exclusivement, pour réduire le fer,
l'une ou l'autre de ces deux substances : l'hydrogène H, le carbone C. Le premier n'est en
usage que dans le laboratoire du chimiste; le second est l'universel agent de l'industrie métallurgique.

Le chimiste introduit dans un petit bout de tube
de verre effilé en pointe un peu d'oxyde de fer en
poudre; il chauffe légèrement le tube avec une
petite lampe à esprit-de-vin, et y fait passer un
courant de *gaz hydrogène* produit dans un appareil disposé à cet effet. Supposons encore, pour plus
de simplicité, que ce soit l'oxyde de fer le moins
compliqué Fe O (Protoxyde) qui ait été introduit
dans le tube. Deux atomes d'hydrogène se préci-
pitent à la fois sur chaque atome d'oxygène, l'ar-
rachent au fer, s'en emparent :

Avant l'action.		Après l'action.
$Fe\ O + H^2$	$=$	$H^2\ O + Fe$

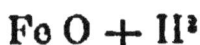

Le produit de cette combinaison, H-O-H ou
plus simplement H^2 O, c'est de l'*oxyde d'hydrogène*, c'est-à-dire de l'*eau*; de l'eau qui vient d'être
fabriquée de toutes pièces, et que l'on voit s'échapper en un petit nuage de vapeur par l'extrémité effilée du tube, puis perler en gouttelettes liquides sur
un objet froid présenté en face. Dans le tube, le
fer demeure isolé, *réduit*. En cette opération les
parcelles de fer devenues libres n'ont pu se souder
entre elles pour former une masse compacte : la
chaleur était trop faible. Le métal reste donc sous
forme d'une poussière noirâtre excessivement fine.
A cet état il va nous présenter un curieux phénomène. Détachez le tube, brisez la pointe, et secouez
dans l'air la fine poussière : il tombe une pluie de
feu! Disséminées dans l'air humide à cet état de
division extrême qui offre plus de prise à l'action
de l'oxygène, les parcelles de fer n'ont pas eu be-

soin d'être préalablement chauffées au rouge pour s'oxyder. Elles s'embrasent d'elles-mêmes, et brûlent avec vivacité; la chaleur produite par cette combustion les rend étincelantes.

Dans l'industrie c'est toujours le carbone (isolé ou à l'état d'*oxyde de carbone*) qui est chargé d'arracher l'oxygène au fer, d'isoler le métal. Ici l'opération se fait à haute température; les parcelles métalliques réduites, ramollies par la chaleur, se soudent, forment une masse plus ou moins compacte qui résistera mieux à la *réoxydation*.

Action de l'oxygène sur le carbone. — La combinaison du *carbone* avec l'oxygène offre une série extrêmement importante de phénomènes, dont la connaissance sommaire est indispensable pour l'intelligence du traitement métallurgique. Chauffé à la chaleur rouge, le carbone brûle dans l'oxygène; il brûle dans l'air, et d'autant plus vivement que l'oxygène afflue vers lui avec plus d'abondance et de rapidité. Or, le carbone en s'unissant avec l'oxygène peut former deux combinaisons différentes, *gazeuses* toutes deux. Quand le carbone brûle vivement et librement, trouvant autour de lui de l'oxygène en abondance, chaque atome de carbone prend non pas seulement un, mais deux compagnons, et forme ce *bioxyde* (double oxyde) que nous avons nommé acide carbonique; (anhydre, anhydride carbonique); $O = C = O$ (ou CO^2). Si au contraire l'oxygène afflue lentement, se trouve relativement en petite quantité, force est à l'atome de carbone de se contenter, du moins provisoirement, d'un seul atome d'oxygène : $C = O$; et nous avons de l'*oxyde de carbone* CO. Mais cet atome n'est pas *satisfait;* il n'a pas employé toute sa force de combinaison. Il peut encore prendre un second atome d'oxygène, et n'attend pour ainsi dire que l'occasion. L'*oxyde de carbone* formé est encore susceptible de s'oxyder davantage : à *demi-brûlé* seulement, il est encore *combustible.* Fournissez-lui de l'oxygène; sous l'influence d'une vive chaleur, il en prendra une nouvelle dose :

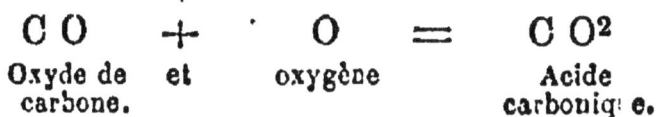

$$C O \quad + \quad O \quad = \quad C O^2$$

Oxyde de et oxygène   Acide
carbone.   carboniqɩe.

Alors le carbone est satisfait, et l'oxyde de carbone *suroxydé* est devenu *acide carbonique*.

Le gaz oxyde de carbone allumé brûle dans l'air comme le gaz d'éclairage, en produisant une chaleur intense mais peu de lumière : sa flamme est bleue et pâle. Observez le charbon qui brûle dans un fourneau de cuisine vivement allumé. L'air qui alimente le feu en traversent la grille et le combustible n'afflue pas en grande abondance sur les charbons incandescents. Le charbon brûle, en produisant de l'oxyde de carbone. Voyez-vous ces petites flammes bleues qui dansent au-dessus de la braise rouge ? c'est l'oxyde de carbone formé qui, arrivé au contact de l'air environnant, brûle et se suroxyde; c'est le carbone qui prend dans l'atmosphère sa seconde dose d'oxygène ; ce qui se dégage du fourneau, c'est désormais de l'acide carbonique.

Faisons maintenant l'opération inverse. Je prends de l'acide carbonique CO^2; j'en fais passer un courant sur des charbons ardents. — D'un côté, des atomes de carbone dépourvus de tout oxygène; de l'autre, des atomes de carbone qui en possèdent double dose. Eh bien, un partage va se faire, égal et tout fraternel... L'atome qui a deux compagnons en cèdera un à l'atome solitaire :

$$CO^2 + C = CO + CO$$

et nous aurons ainsi deux molécules d'oxyde de carbone. — L'acide carbonique et le charbon agissant au rouge l'un sur l'autre fournissent, le partage fait, une double quantité d'oxyde de carbone : réaction importante, dont il nous faut prendre bonne note. Une observation encore, et capitale. —

Le carbone déjà uni à un atome d'oxygène CO peut, pour s'emparer d'un second atome, arracher celui-ci à quelqu'autre combinaison moins énergiquement constituée. En d'autres termes, l'oxyde de carbone, pour se suroxyder, peut *réduire* les oxydes comme fait le carbone lui-même. Prenons encore pour exemple l'oxyde de fer le plus simple Fe O. A la faveur d'une haute température, l'oxyde de carbone lui enlèvera son oxygène pour s'en emparer et se transformer en acide carbonique; le métal sera mis *en liberté :*

$$Fe\ O + CO = Fe + CO^2$$

Tout autre oxyde de fer, chauffé au rouge vif au milieu d'un courant de gaz oxyde de carbone, se réduit de même ; le métal resté seul s'agglomère, tandis que l'acide carbonique formé s'envole. Cette *réaction* est fondamentale, dans la pratique métallurgique,

Combinaisons du fer avec le soufre, le phosphore, etc. — Jetons pour terminer un rapide coup d'œil sur les combinaisons les plus remarquables du fer, autres que les oxydes. — Il y a une matière qui ressemble beaucoup à l'oxygène, qui est de *même famille* : c'est le *soufre.* Le soufre est solide, l'oxygène gazeux : peu importe ; la manière de se combiner, les *affinités,* les composés formés, cela seul importe au chimiste. Or, le soufre a de l'affinité pour les mêmes matières que l'oxygène; il forme des composés qui correspondent aux oxydes et qu'on appelle des *sulfures* (du latin *sulfur,* soufre). Comme l'oxygène donc, le soufre a de l'affinité pour le fer; trop, malheureusement, beaucoup trop. Le chimiste peut porter intérêt aux combinaisons du soufre et du fer ; l'industriel, lui, le métallurgiste en rêve ; mais c'est de haine. Le soufre, voyez-vous, sous toutes ses formes, c'est l'ennemi, la bête noire. Il suffit d'une quantité excessivement petite de soufre pour ôter au fer

toutes ses précieuses qualités, pour en faire un
métal aigre, cassant, intraitable, impropre à tout
usage. Or lorsque le soufre rencontre du fer à
chaud, il ne manque pas l'occasion de s'y combiner; et ce malencontreux soufre une fois introduit, il n'est pas de labeurs, de peines, de dépenses
que l'on ne se donne pour l'expulser; encore n'y
peut-on réussir toujours, ni complétement. On voit
que la haine du maître de forges est bien justifiée.
— Il y a plusieurs combinaisons différentes de fer
et de soufre. La plus simple, formée d'un atome de
soufre uni à chaque atome de fer Fe S, se prépare
très-facilement en chauffant dans un creuset fermé
(pour que le soufre ne brûle pas à l'air) des morceaux de fer et du soufre. Plongez une barre de
fer incandescente dans un vase contenant du soufre
fondu, il se formera un sulfure plus compliqué
$Fe^2 S^3$. Enfin nous aurons bientôt lieu de faire
connaître une autre combinaison, très-répandue
dans la nature — trop, hélas ! — et contenant deux
atomes de soufre associés à chaque atome de
fer : $Fe S^2$.

Un autre ennemi : le *phosphore*. Le phosphore,
lui aussi, peut se combiner au fer atome par
atome; il se produit ainsi des combinaisons appelées *phosphures de fer*. A la chaleur rouge, le
phosphore et le fer se rencontrant, se combinent.
Faites chauffer dans un creuset de la limaille de
fer; projetez-y de petits fragments de phosphore;
vous trouverez des granules grisâtres de phosphure
de fer ($Fe^4 Ph^2$). C'est ainsi que le phosphore s'u-
nit au métal pendant le travail métallurgique. Or
une très-petite quantité de phosphore introduite
altère les propriétés du fer, le rend cassant, impropre à presque tous les usages. Le phosphore
cependant est moins à redouter que le soufre. —
Un frère du phosphore, le criminel *arsenic* (As),
substance grise, d'aspect métallique, peut aussi
s'unir au fer et former des *arséniures de fer*

(Fe As², Fe² As³ etc.). Nous ne nous arrêterons pas à ces composés sans intérêt pour nous; il nous suffira d'être avertis que l'arsenic aussi communique au métal les plus graves défauts, et que l'industriel doit se tenir en garde contre lui.

Nous nous retrouvons ici en face d'une substance d'importance souveraine, le *carbone*, déjà étudié par nous dans ses rapports avec l'oxygène. Maintenant c'est de son union avec le fer qu'il s'agit. — Le carbone a une grande affinité pour le fer; à une haute température il s'y combine avec énergie, quoiqu'en faible proportion. Une très-petite quantité de carbone introduite dans le métal suffit pour changer totalement ses propriétés. Mais en compensation des qualités qu'il lui fait perdre , le carbone en donne au fer de nouvelles et plus précieuses encore : c'est au carbone que nous devons la *fonte* et l'*acier*. Déjà vous entrevoyez le rôle immense que va prendre le carbone dans le travail métallurgique du fer; et en effet, les trois quarts des opérations consistent essentiellement à faire et à défaire la combinaison du métal et du carbone. Et comme en définitive ces actions et réactions forment la matière obligée de la partie de cet ouvrage où il sera traité de la métallurgie du fer, il nous suffira pour le moment d'avoir énoncé le principe.

Action du silicium et de ses composés sur le fer. — Faisons encore brièvement connaissance avec une matière que nous sommes destinés à retrouver mainte fois sur notre chemin : le *silicium* (Si). Répandu dans la nature avec une abondance extrême, il ne se rencontre pourtant jamais seul; en combinaison, il forme une imposante partie de la masse même du globe. Isolé par le chimiste, c'est une curiosité sans usage; en combinaison, c'est une matière industrielle de premier ordre. Le plus remarquable composé, c'est l'*oxyde de silicium* Si O², autrement dit *acide silicique*, autrement dit *silice* : substance multiforme, qui est le *cristal de roche* limpide, qui est l'*agate* aux teintes variées — qui est le caillou vulgaire, le grossier *silex* (d'où *silice*, d'où *silicium*). En petits grains mobiles, c'est le *sable*; si ces grains sont, au contraire, cimentés, agrégés, c'est le *grès*. Enfin, en se combinant à son tour avec d'autres substances, la silice forme une multitude de composés (nommés *silicates*) qui tiennent une place immense dans la nature. Toutes les roches granitiques, assises primordiales de la croûte terrestre, en sont constituées. Les *laves*, qui ruissellent en fleuves ardents et se figent en masses calcinées, les *basaltes*, toutes les roches volcaniques, qui forment des montagnes : silicates. L'argile, silicate. La terre végétale, formée en masse de sable et d'argile, silice et silicate. La porcelaine, toutes les terres cuites, le verre, sont des silicates. Et comme le silicium, la silice et les silicates jouent un rôle capital dans le travail métallurgique du fer, il fallait bien les présenter ici à nos lecteurs. — Le silicium, tout d'abord, se combine directement avec le fer, comme le carbone. Mais sa présence dans le métal ne semble pas dangereuse; il est, du moins, relativement facile de l'expulser.

Alliages du fer. — Un mot, maintenant, des *alliages du fer.* Sous ce nom d'*alliage* on désigne, comme chacun sait, l'association de deux ou plusieurs métaux. Il y a des alliages d'une importance extrême : il suffit de rappeler le *bronze*, le *laiton*, le métal des caractères d'imprimerie... Il y a tels métaux, l'or lui-même et l'argent, qui ne s'emploient qu'à l'état d'alliages. Pour le fer, c'est précisément le contraire. Le rude et fier métal possède par lui-même des qualités qui le font sans rival; ses alliages sont de nul emploi. Le fer peut s'allier à presque tous les métaux, notamment au cuivre, à l'étain, au zinc, à l'or, au platine, à l'*aluminium*; mais ces composés sont intéressants pour le seul chimiste. Nous verrons cependant plus tard que de très-petites quantités de certains métaux introduites dans le fer, la fonte ou l'acier, leur communiquent des qualités particulières : parmi ceux-ci le *manganèse* (Mg), métal grisâtre frère du fer, mérite dès maintenant une mention spéciale.

Sels de fer. — Il nous reste enfin un mot à dire de quelques composés de fer qui contiennent, unis au métal, non pas *un*, mais *deux* ou *trois* éléments de nature différente : composés triples ou quadruples auxquels les chimistes donnent le nom de *sels* [1]. Les uns se dissolvent dans l'eau; les autres y sont *insolubles*. Il y a un très-grand nombre de *sels de fer*, et plusieurs ont une réelle importance dans certaines branches de l'industrie. Contraints de nous borner, nous citerons seulement trois d'entre eux. Le premier en importance, à notre point de vue, c'est le *carbonate de fer*, produit de l'union de l'acide carbonique CO^2 avec l'oxyde de fer Fe O :

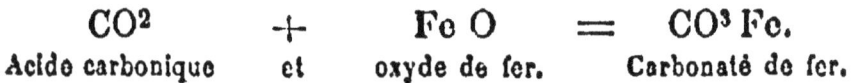

$$CO^2 \quad + \quad Fe\ O \quad = \quad CO^3\ Fe.$$
Acide carbonique et oxyde de fer. Carbonate de fer.

Ce composé est très-répandu dans la nature. En le *calcinant* à la chaleur rouge, on décompose le carbonate ; l'oxygène se retrouve partagé entre le carbone et le fer. L'acide carbonique, qui est gazeux, s'envole, il reste l'oxyde de fer :

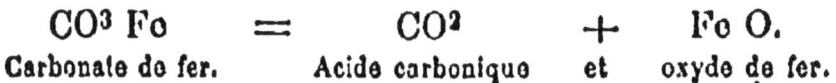

$$CO^3\ Fe \quad = \quad CO^2 \quad + \quad Fe\ O.$$
Carbonate de fer. Acide carbonique et oxyde de fer.

En s'unissant à la fois à l'oxygène et au soufre dans des proportions déterminées, le fer forme plusieurs sels. Au fond d'un verre à pied, mettons quelques grammes de limaille de fer ; puis versons avec précaution un mélange d'*acide sulfurique*

1. Les sels reçoivent des noms terminés en *ate* ou en *ite*.

(*huile* de *vitriol*) et d'eau. Une vive ébullition se produit : c'est du gaz hydrogène (H) provenant de l'eau (H^2O) qui se dégage tumultueusement. Il suffit d'en approcher une allumette enflammée pour voir ce gaz prendre feu avec de légères explosions. En même temps le fer est *attaqué* : il se dissout peu à peu. En s'unissant à l'oxygène et au soufre il produit du *sulfate de fer* (SO^4 Fe). Si l'on faisait évaporer le liquide, on retrouverait, sous forme de petits cristaux vert-jaunâtre, ce sel que l'on nommait autrefois *vitriol vert*, et que nous ne pouvons passer sous silence à cause de ses nombreux usages industriels. Il sert, notamment, au *chaulage* des grains, à la fabrication de l'*encre*, du *bleu de Prusse*, etc., etc.

Cette *silice* ($Si\ O^2$) que nous avons vue tenir une si grande place dans la nature, nous la retrouverons jouant un très-grand rôle dans l'industrie métallurgique. Les *silicates* qu'elle forme en se combinant avec diverses substances constituent les *scories*, *crasses de forge*, *laitiers*, sorte de *verres* ou de *laves* que la chaleur rend fluides et qui se figent en masses luisantes et vitreuses. Le *silicate de fer* ($Si\ O^4\ Fe^2$) se mêle en plus ou moins grande proportion dans les laitiers, et sa présence, comme nous le verrons plus tard, influe considérablement sur la marche des opérations.

Minéralogie du fer.

Diffusion du fer dans la nature. — Le fer est partout, dans la nature. Accumulé en masses considérables, il constitue dans le sein de la terre des amas, des couches *puissantes* (épaisses) et étendues, inépuisables réservoirs. D'autre part, disséminé, *dissous* pour ainsi dire en proportion minime dans la masse même des roches, dans les eaux, les teintes caractéristiques de ses oxydes révèlent sa présence quasi universelle, sa diffusion immense.

« Quand la nature prend le pinceau, disait le mi-
« néralogiste Hauy, c'est le plus souvent le fer
« oxydé qui est sur la palette. » Elle lui doit, en
effet, comme le peintre lui-même, les *tons chauds*
de ses paysages. Les roches primordiales, les plus
anciennes connues, les *granites*, les *porphyres* en
sont imprégnés. Voyez dans nos montagnes, à la
surface des pans de rochers granitiques, ces larges
traînées jaunâtres qui écrivent en grandes lettres
le mot « fer » sur la page rose ou bleue. Voyez les
sombres escarpements des côtes bretonnes, falaises
et brisants déchiquetés de *gneiss* [1] : leurs teintes
rouillées révèlent que la vieille roche, croûte antique de la terre, assise fondamentale des continents,
la première rongée par le flot des premières mers,
contient du fer dans sa masse. Les couleurs rouges, jaunes, brunes, de certains *grès* sont dues à
l'oxyde de fer : il y a dans le sein de la terre des
couches d'une étendue immense, à la surface des
montagnes — les Vosges, par exemple — formées
de ces grès ferrugineux. Les sables dorés de nos
plages doivent à ce même oxyde leurs nuances
blondes. Les *schistes*, roches feuilletées, non moins
importantes que les grès dans la structure de nos
continents, sont presque tous plus ou moins ferrugineux. Débris de roches décomposées, les *argiles*,
les limons déposés par les fleuves, la terre végétale
elle-même contiennent presque partout du fer,
souvent assez pour accuser une couleur jaune ou
brunâtre. Enfin les *laves*, les *basaltes*, les roches
volcaniques de toute sorte, vomies incandescentes
par les soupiraux des enfers [2], et figées à la surface,
nous apportent des preuves que dans les mysté-
rieuses profondeurs d'où elles proviennent, la matière tenue en fusion par l'effroyable chaleur souterraine contient aussi du fer.

1. Roche analogue au granit par ses éléments.
2. Inferi, lieux inférieurs, profonds.

Les eaux qui filtrent par les fentes des rochers pour jaillir sous forme de sources à la surface du sol ramènent avec elles du fer qu'elles ont dissous dans leur trajet souterrain. La plupart des eaux de source comme celles des fleuves, comme celles des mers elles-mêmes, n'en contiennent que des traces ; celles qui en ont dissous une quantité notable constituent les *eaux minérales ferrugineuses*, communes dans tous les terrains. Celles-ci se distinguent par un goût d'encre caractéristique, et par les limons couleur de rouille qu'elles laissent déposer.

Non-seulement le fer imprègne les roches et les eaux, l'élément liquide comme l'élément solide de notre globe ; mais il n'est pas confiné dans ces limites ; il existe dans les mondes les plus éloignés, il est répandu à profusion dans l'immensité... c'est une substance *universelle*. *Il y a du fer dans le soleil* ; il y en a mêlé à l'état de vapeur à l'atmosphère de flamme qui enveloppe l'immense sphère ardente. Il y en a sans doute, quoique nous n'en ayons pas la preuve, dans les autres planètes, sœurs de la nôtre, qui se réchauffent et s'éclairent au même foyer central. Il y a du fer jusque dans les étoiles, soleils lointains dont la lumière affaiblie par la distance met des années, des siècles, des centaines de siècles, à venir jusqu'à nous. La lumière — c'est là une des merveilleuses découvertes de notre époque — la lumière qui rayonne d'un corps incandescent a des propriétés, subit des modifications diverses, suivant la composition chimique de cette source dont elle émane. En étudiant les rayons lumineux décomposés par le prisme, on arrive à connaître de quelles substances est formé le corps embrasé, chacune révélant sa présence par des signes caractéristiques. Ce procédé, d'une délicatesse, d'une sensibilité extraordinaire, porte dans la science le nom d'*Analyse spectrale*. Il a d'abord été appliqué à l'étude des flammes artificielles ;

puis on osa tourner l'instrument vers le ciel. Et
alors — n'est-ce pas merveille? — il nous fut donné
d'interroger sur leur propre nature, non-seulement
le soleil, mais ces autres flammes célestes qui illu-
minent l'éternelle nuit de l'espace, les étoiles et les
vagabondes comètes. Nous reconnûmes, dans ces
glorieux soleils, les mêmes matières dont est composée notre humble planète; et, en particulier, le
fer. La plupart des corps célestes en contiennent
en proportion notable. Du reste, une preuve d'un
tout autre genre, une preuve matérielle et tangible,
ne tardera pas à nous être donnée de l'abondance
avec laquelle le métal qui fait l'objet de notre étude
est disséminé dans l'étendue.

Si le fer tient une place remarquable dans la
composition des puissantes masses minérales qui
constituent pour ainsi dire le gros œuvre dans l'ar-
chitecture de l'univers, son rôle n'est pas moins
important dans la nature animée, dans le mécanisme délicat des êtres organisés. — La *matière
verte (chlorophylle)* qui colore des feuilles et les
jeunes tiges des plantes, élément indispensable de
leur organisation, et sans laquelle elles ne sauraient
respirer, contient une certaine proportion de fer.
C'est à la terre où s'enfoncent ses racines, aux eaux
qui l'arrosent, que le végétal demande ce fer, nécessaire à sa vie; dans un terrain qui en serait
totalement dépourvu vous verriez les plantes, toutes pâles et sans verdure, languir étiolées, puis
mourir.

Le fer n'est pas moins indispensable à l'animal;
il donne au sang sa belle couleur rouge [1] et des
propriétés vivifiantes. Un être qui n'a pas assez
de fer dans le sang, pâlit et languit, et s'étiole
comme la plante. Des chimistes ont pu se donner

---

1. La matière qui colore en rouge le sang est nommée
hématosine et contient du fer. Il y a de 7 à 8 gr. de fer
dans le sang d'un homme adulte en santé.

la récréation d'extraire le fer du sang humain et de
forger un anneau ou une aiguille avec ce qui fit la
beauté, la force et la vie d'un être sentant et pen-
sant. Ainsi, chose étrange, la fraîche verdure du
feuillage et les chaudes rougeurs qui trahissent sur
un jeune visage l'émotion et l'intensité de la vie :
deux teintes si diverses sont dues à deux composés
différents d'un même élément : le fer ! — Comme il
s'est transformé, comme il s'est animé en entrant
dans le torrent de la vie organique, ce froid métal
que vous voyez là gisant, terne et lourd, en masse
inerte !

Minéral et minerai. — Une substance, simple
ou composée, que l'on rencontre dans la nature en
masse distincte et bien caractérisée, constitue ce
qu'on appelle un *minéral*. Pour avoir droit au titre
de *minerai* il faut qu'un minéral contienne un métal en proportions et dans des conditions telles
qu'il y ait avantage à l'extraire ; de plus il faut que
ce minéral se rencontre en amas assez considérables pour valoir les frais d'une exploitation. Les
minéraux contenant du fer sont très-divers ; mais
le plus grand nombre de ces composés n'offrent
qu'un intérêt purement scientifique. Nous nous
occuperons ici exclusivement de ceux qui ont une
importance réelle à notre point de vue spécial, et
tout particulièrement de ceux qui constituent des
minerais de fer.

Le fer météorique. — Ce que nous savons des
propriétés chimiques du fer nous fait pressentir à
quel état nous devons nous attendre à le rencontrer
dans la nature. Le fer ayant une si grande tendance
à s'unir à diverses substances, au soufre, par exemple, à l'oxygène, nous pouvons déjà prévoir que
rarement nous le rencontrerons isolé. Puisque le
fer s'oxyde à l'air, à l'humidité, s'il y avait quelque
part des fragments de fer métallique, ils ne tarde-
raient guère sans doute à s'oxyder : ce n'est pas
l'oxygène ou l'humidité qui manquent sur la terre !

— En effet, le fer *natif* (c'est-à-dire à l'état métallique) *provenant de la terre* est une rareté quasi
introuvable : mais il n'est pas aussi rare *qu'il nous
en tombe du ciel...* Ceci demande explication.

Vous avez vu, par une belle nuit profonde, des
étoiles filantes qui semblent se détacher du ciel,
glisser, traçant dans l'air un sillon de lumière, puis
s'évanouir. Mais parfois le météore se manifeste
avec plus de splendeur; c'est une flamme brillante
qui s'allume d'un éclat soudain, traverse le ciel en
laissant derrière elle une longue traînée de lumière. On lui donne alors le nom de *bolide*. Presque toujours avant de disparaitre le bolide éclate,
tantôt silencieusement, tantôt avec fracas; et ses
débris enflammés se dispersent, puis s'éteignent.
Enfin des fragments de pierre portant les traces du
feu, tout brûlants parfois encore ou à demi refroidis,
sont précipités des hauteurs de l'atmosphère sur le
sol. Or des observations multipliées ont démontré
que ces fragments de pierre tombés du ciel, les
bolides qui éclatent sur nos têtes, et les étoiles
filantes de nos belles nuits ont une commune origine.

L'espace immense où notre globe décrit sa
grande courbe annuelle est tout semé de fragments plus ou moins volumineux de matière, qui
tourbillonnent par le ciel, et à travers lesquels la
terre lancée se fraie son passage. Poussière de
mondes brisés? Restes du chaos, de *nébuleuses
primitives* qui n'ont pu se condenser en globes? Le
champ reste ouvert aux hypothèses.

La terre, en passant, rencontre sur son chemin de
ces fragements épars; elle les attire et les fait dé-
vier de leur route. La plupart ne font que traverser, d'une prodigieuse vitesse, les hauteurs de
l'atmosphère; dans leur mouvement rapide ils s'é-
chauffent et s'enflamment, puis passent outre et
disparaissent, ou s'évanouissent en vapeur : ce sont
les *étoiles filantes*. D'autres, cédant à l'attraction

do la terre, tombent jusque sur le sol ; ces pierres provenant de l'espace sont appelées *aérolithes* ou *météorites*. Ce phénomène est beaucoup moins rare qu'on ne le penserait; et souvent la chute de ces minuscules *corps célestes* a eu de nombreux témoins. On trouve encore assez fréquemment des fragments plus ou moins volumineux épars sur le sol et dont les caractères et la composition révèlent l'origine. On peut voir au muséum d'Histoire naturelle du Jardin des Plantes de Paris (Galerie de géologie) une nombreuse collection de ces échantillons d'origine extra-terrestre. — Or, tous ces fragments contiennent du fer, soit en combinaison, soit à l'état métallique.

Certains *météorites* sont formés de fer presque pur, malléable, susceptible d'être forgé sans plus de formalité... A Caille (Alpes-Maritimes), il tomba une masse de fer divisée en plusieurs fragments, dont un pesait 780 kil. Au Brésil, une masse de fer météorique tomba un beau jour dans une plaine, au milieu de 50 paysans occupés à la moisson. Ce bloc servit longtemps d'enclume chez un vieux forgeron; plus tard on en fit forger une épée pour Bolivar, le héros de l'indépendance Péruvienne. Nous pourrions citer un grand nombre de faits semblables. Les masses de fer météoriques atteignent parfois un volume énorme : à Olumpa (près de Saint-Yago, La Plata), il en existe une qui pèse environ 15000 k. ; à Wolfsmülhe (Thorn), une autre atteint le poids de 20000 quintaux. De telles masses ne sont pas rares en Groënland et en Sibérie. Si on en rencontre moins fréquemment ailleurs, c'est qu'elles ont été exploitées partout où on les découvrit. Ainsi les Maures ont longtemps exploité au Sénégal un bloc immense de fer météorique, qui n'avait besoin que d'être forgé. A Akon Magdebourg), c'est de l'*acier*, dit-on, que le ciel a ainsi laissé choir sur la tête des mortels stupéfiés. — Peut-être est-ce à quelque phénomène de ce genre, avons-nous dit déjà, que les hommes ont dû la connaissance du précieux métal; et s'il en est ainsi, quel thème miraculeux pour l'imagination crédule de nos naïfs ancêtres !

Quoi qu'il en soit, le fer *natif* météorique ne peut être considéré comme constituant un véritable minerai ; et c'est de combinaisons plus ou moins complexes que l'industrie doit extraire le métal.

Les pyrites. — Un minéral qu'il nous importe de connaître est le *sulfure de fer naturel* (Fe S^2) connu sous le nom de *pyrite.* Ce n'est pas qu'on puisse le tenir pour une mine à exploiter, quoique riche en fer et abondamment répandu dans la nature. Mais il y a là trop de soufre ; et jusqu'à ce qu'on arrive à l'expulser totalement par des moyens industriels, économiques, la pyrite ne sera pour le mineur qu'une substance abjecte ou plutôt ennemie. Les pyrites, en effet, se rencontrent presque partout, mêlées en petites masses, en grains disséminés, en minces plaquettes aux minerais de fer dont elles altèrent la qualité. Plus il y en a, moins vaut le minerai ; et si la proportion en devient trop grande, celui-ci reste sans emploi. Elles se rencontrent aussi partout dans la houille, où leur présence n'est pas moins nuisible. — Il y a deux variétés de cette pyrite (Fe S^2) ; la première, dite *pyrite jaune,* se trouve souvent, dans toutes sortes de roches et notamment dans les *schistes* (roches feuilletées; ardoises), en beaux cristaux brillants, excessivement durs, inaltérables à l'air, et d'un jaune d'or splendide. Tout ce qui brille n'est pas or ; et celle-ci, là où elle ne nuit pas, est au moins inutile. L'autre, la *pyrite blanche,* c'est bien pis. D'une teinte pâle, comme son nom l'indique, elle est douée de la propriété de s'altérer à l'air en s'oxydant ; elle se *délite,* elle tombe en menus fragments qui se recouvrant d'une croûte d'oxyde et d'efflorescences de *sulfate de fer.* Or, cette sorte de combustion du soufre et du fer se fait avec dégagement de cha-

4

leur. Certaines houilles qui contiennent de la pyrite
blanche en abondance sont exposées à s'enflammer
d'elles-mêmes quand on les exploite. Les pyrites
venant au contact de l'air lorsqu'on les met au jour
en fouillant la couche de charbon, s'oxydent, fer-
mentent pour ainsi dire, et s'échauffent; s'échauffent
au point de mettre le feu au combustible. Il se fait
ainsi des incendies formidables. Certaines mines brûlent depuis des années, depuis plus d'un siècle ; il a
fallu renoncer à les éteindre. On a dévié des rivières
pour submerger la mine; mais quand on a voulu
épuiser l'eau pour reprendre les travaux, le feu
s'est rallumé avec une intensité plus grande. Tels
sont les méfaits reprochés à la pyrite : il semble
toutefois démontré que la houille elle-même est
au moins complice de l'incendiaire. — Du reste, si
les pyrites sont à redouter au point de vue de la
production du fer, il faut leur rendre cette justice
qu'elles constituent une abondante *mine de soufre.*

Les Minerais de fer. — Les combinaisons du fer
les plus importantes à tous égards, les plus répan-
dues, ce sont les *oxydes :* conséquence toute naturelle de l'extrême affinité du métal pour l'oxygène.
Ce sont les minerais de fer par excellence. On les
trouve pour ainsi dire partout ; il y en a dans
toutes les régions, dans tous les terrains, souvent
en masses immenses, présents inestimables de la
nature.

Citons au premier rang l'oxyde magnétique
($Fe^3 O^4$) naturel, dit *fer oxydulé; la pierre d'aimant* des anciens (71, 0/0 de fer). Son aspect est en
effet celui d'une pierre noire à reflets métalliques,
dure, faisant feu au briquet, souvent de texture
cristalline ou granuleuse, quelquefois se rédui-
sant en sable. Sa poussière est d'un gris foncé. On
en rencontre des amas considérables dans les *terrains anciens,* parmi ces vieilles roches qui ont
subi l'action du feu aux époques les plus lointaines
de la vie du globe : les granites, les gneiss ; dans

les vieux grès et les schistes. C'est donc dans les
régions granitiques qu'il convient de le rechercher.
La Suède, sous ce rapport, est privilégiée : elle doit
à l'oxyde magnétique ses fers incomparables. Cette
substance y forme des amas immenses, véritables
montagnes de minerai, exploités par de nombreuses mines ; les plus célèbres sont les amas de
Taberg et de Dannemora. Le fer oxydulé se rencontre en roches cristallines dans la vallée d'Aoste,
à Bône (Algérie), au Canada, en Pensylvanie (Etats-
Unis); sur les côtes de l'Italie, où il affecte la forme
des dépôts sablonneux. Enfin il faut encore citer
les amas énormes de l'Ile d'Elbe (Cap Calamita), cet
ilot de rochers, plus riche que de vastes contrées.

Le *peroxyde de fer* (Fe² O³) est le plus abondant des minerais. Il se présente sous deux formes :
tantôt dépourvu d'eau (*anhydre*), tantôt intimement
combiné avec elle (*hydraté*). Le minerai *anhydre*
se rencontre en masses cristallines, noires d'aspect,
faisant feu au briquet, douées d'un éclat métallique plus ou moins vif, non attirables à l'aimant.
Il produit quand on l'écrase une poussière rouge
foncé. Ce minerai, auquel les savants ont donné le
nom de *fer oligiste*, contient jusqu'à 70 0/0 de métal. Quand il est cristallisé en lames minces miroitantes d'un vif éclat il reçoit le surnom de *fer spécu-
laire*, qui rappelle cet aspect (*speculum*, miroir).
C'est aussi dans les terrains anciens qu'on le trouve
le plus souvent : à l'Ile d'Elbe encore, en Angleterre, en France dans l'Ardèche et dans les Pyrénées, en Belgique dans la vallée de la Meuse.

Mais le plus souvent ce même composé (peroxyde
anhydre) forme des masses non cristallines, offrant
parfois l'aspect de *rognons* d'une dureté extrême,
brun noir, à reflets rougeâtres, donnant sous le
choc une poussière rouge sang magnifique. On
l'appelle alors *hématite rouge* (*hématite*, pierre
de sang). Si le minerai est *argileux*, sa texture est
alors moins compacte ; il est friable, il tache les

doigts ; sous cette forme, il est la *sanguine* dont on fait les crayons. L'hématite rouge, très-commune en Angleterre, constitue une partie notable des richesses minéralogiques de ce pays privilégié.

Combiné à l'eau, le peroxyde de fer (hydraté) forme l'*hématite brune*, qui contient 60 0/0 de métal. On la rencontre sous des formes diverses, en masses compactes, en fragments, en rognons, en grains disséminés. Très-souvent elle affecte la texture singulière de petits globules de la grosseur d'un pois (*pisolithes*) agglomérés, cimentés ensemble ; d'autrefois les globules, réduits à la dimension de grains de sable, rappellent les œufs de poisson accumulés dans la rogue (*oolithes*). L'oxyde hy-

Minerai Pisolithique. — Minerai Oolithique.

draté donne une poussière d'un jaune brun et d'un aspect terreux, véritable couleur de rouille : et c'est une rouille en effet ; ou plutôt la rouille que nous voyons se former sur le fer est de l'oxyde hydraté. C'est le minerai le plus abondant de tous : on le trouve en couches épaisses, en amas irréguliers dans les terrains déposés par les eaux (*terrains de sédiment*), quelquefois sous les assises profondes de ces roches, souvent à la surface même du sol ou sous une mince couche d'alluvions, graviers, sable, argiles, apportés par les eaux à des époques récentes ; ou enfin comblant des fissures, des cavernes, des trous plus ou moins largement excavés dans le sol. La plupart des minerais français, tels que ceux du Berry, qui fournissent d'excellents fers, ceux de la Champagne, ceux des vallées de la Sambre et de la Moselle qui alimentent les hauts fourneaux des Ardennes, appartiennent à cette catégorie.

Le carbonate de fer naturel (CO^3 Fe) constitue un bon minerai, rendu plus précieux encore par les circonstances dans lesquelles on le rencontre. Celui-ci est parfois *cristallisé;* mais le plus souvent il a tout l'aspect de la plus vulgaire des pierres; nul éclat métallique, nulle couleur franchement caractérisée ne trahit le métal. Aussi est-il facile de le méconnaître. Qui soupçonnerait le fer dans cette pierre d'un brun pâle veiné de blanc ? Il se présente en blocs compactes; plus souvent encore sous la forme de rognons arrondis ou plutôt de *galets* semblables aux galets de nos plages océaniennes. Ce minerai appartient surtout au *terrain houiller,* c'est-à-dire aux couches plus ou moins profondes où dorment ensevelis ces débris de la végétation puissante des plus anciennes époques de la vie du globe, précieuses provisions de combustible entassées par la nature. Assez souvent même les *lits* de carbonate sont mêlés ou alternés avec les couches de houille; de telle sorte que, dans la même mine, par les mêmes *puits,* on extrait à la fois le minerai métallique et le combustible nécessaire à sa *réduction :* heureuse rencontre qui fait la fortune de certains districts miniers de l'Angleterre (Pays de Galles, Lancashire, etc.). Le carbonate de fer alimente les hauts fourneaux d'Allevard, se rencontre dans les Pyrénées et les Corbières, en Styrie et en Carinthie, etc. Enfin, il faut citer encore comme minerai un *silicate de fer* naturel, beaucoup moins répandu, mais exploité avec avantage dans certaines localités, notamment dans le Valais, en Bretagne (Morbihan), etc.

Gisements des minerais de fer. — Sous le rapport de leur *gisement* les minerais de fer sont distingués en trois groupes ; les *minerais de montagne*, en amas, en filon, en veines croisées, dans les régions montagneuses et les terrains anciens. Ils sont constitués par l'oxyde magnétique ou l'hématite rouge (peroxyde anhydre). L'hématite rouge, l'hématite brune, le carbonate et le silicate de fer, sous forme de couches régulières enclavées dans les terrains, sont appelés *minerais de roche*. Enfin les oxydes hydratés en grains agglomérés (*pisolithes et oolithes*), en sables, comblant des cavernes ou des anfractuosités peu profondes, déposés là par les eaux à une époque relativement récente, portent le nom de *minerais d'alluvion*, rappelant leur mode de formation.

La recherche des minerais n'est plus aujourd'hui abandonnée au hasard, aux vagues conjectures de l'empirisme. Elle a pour point de départ une connaissance approfondie des terrains, des accidents du sol, des allures des divers minerais ; en ce qui touche le fer, la couleur de la roche aux environs des points où les couches affleurent le sol et les sources ferrugineuses donnent aussi de précieuses indications. Une quantité plus ou moins grande de minerai réunie en une certaine localité porte le nom de *gîte*. Une masse informe entassée dans une cavité irrégulière garde le nom général d'*amas ;* la cavité qui le renferme prend celui de *sac*, de *poche*. Quand le minerai est étendu sous une épaisseur plus ou moins considérable entre deux assises de roches, c'est une *couche*, un *lit*. Les couches de minerai ne sont pas toujours horizontales ; souvent, par suite des bouleversements effrayants qu'a subis le sol aux lointaines époques géologiques, elles se présentent plus ou moins inclinées ; souvent la couche qui se prolonge profondément vient se montrer à *fleur de sol* en des points qui constituent ses *affleurements*. Une fente dans la roche, comme une déchirure produite par quelque violente convulsion du sol, qui se serait remplie après coup de matières différentes de ces roches qu'elle traverse, est appelé un *filon*; si c'est d'un minerai métallique qu'elle est comblée, c'est un filon métallifère. Souvent un sol bouleversé, disloqué en tout sens, se trouve parcouru de filons qui se croisent dans les directions les plus diverses. La surface de la roche superposée à un *filon* ou à une couche porte le nom de *toit*; la surface opposée est le *mur*. La distance entre ces deux surface mesurant l'épaisseur du gîte est la *puissance* de la couche ou du filon. De petits filons qui se croisent dans la masse d'une roche sont souvent appelés *veines*. Enfin, il peut arriver que le minerai soit étalé à la surface du sol en une couche plus ou moins étendue, plus ou moins *puissante*, constituant ce qu'on nomme un *gîte à découvert*.

Extraction des minerais. — Les minerais de fer sont susceptibles d'affecter tous ces modes divers de gisement; leur extraction donne lieu à des travaux absolument semblables à ceux qu'on exécute pour l'extraction de tout autre minéral exploitable. Les dépôts gisant à la surface sont exploités par de simples carrières *à ciel ouvert;* les couches profondes sont atteintes par des *puits* et des *galeries souterraines*. Une *mine de fer* est en tout semblable à une autre mine. Ce n'est pas ici le lieu d'entamer la vaste et intéressante matière de l'*industrie minière* proprement dite; de décrire les curieux procédés de la recherche des minerais, du creusage des puits et des galeries, toute l'économie enfin du travail souterrain; et les dangers, et les obstacles, et les précautions prises, et la lutte engagée contre les eaux envahissantes, et les ingénieuses machines que le mineur a pour auxiliaires dans son opiniâtre combat. Ce serait tout un volume. Il nous suffira de dire que les travaux d'exploitation, toujours identiques au fond, varient quant au détail suivant la nature de la roche *encaissante* et celle du minerai lui-même. Ainsi l'oxyde de fer magnétique ou l'hématite rouge en roches compactes et très-dures ne cèdent qu'à la poudre ; tandis que les minerais granuleux, faciles à *abattre* (détacher), sont simplement entamés au pic et enlevés à la pelle, avec beaucoup moins de peine et de dépense.

Rappelons-nous enfin qu'un minerai est toujours mêlé de *matières stériles*, fragments de la roche où il se trouve pour ainsi dire enclavé, détachés vers le toit ou le mur pendant l'abattage, en outre des matières entremêlées au minerai au sein de l'amas lui-même. Les fragments pierreux ainsi mélangés au minerai abattu constituent la *gangue*. Cette gangue, dont la proportion et la nature varient suivant les terrains, est tantôt une roche de *quartz*, de grès, de schiste, d'argile, toutes matières où la *silice* domine ; tantôt une roche moins dure de *pierre calcaire* (contenant de la chaux), de *marne* : on distingue, dans la métallurgie, les *gangues siliceuses* des *gangues calcaires*. Nous verrons plus loin que ces matières accessoires ne doivent pas être considérées comme un simple déchet ; elles jouent un rôle considérable dans le *traitement* par lequel le métal est dégagé de son minerai.

TROISIÈME PARTIE

MÉTALLURGIE DU FER

LA MÉTHODE DIRECTE.

Distinction des deux méthodes de traitement. — L'insdustrie moderne n'a pas totalement abandonné le mode de procéder suivi par nos ancêtres ; mais, d'autre part, elle a créé une nouvelle et toute différente série d'opérations. Elle se trouve donc en possession de deux méthodes distinctes, comme de deux chemins pour arriver au même but : l'un, sentier abrégé, mais étroit et rapide; l'autre, large voie, mais voie détournée. Par la première, la MÉTHODE DIRECTE, le minerai est immédiatement transformé en fer malléable : c'était la seule connue de l'antiquité. La méthode moderne, au contraire, la MÉTHODE INDIRECTE obtient d'abord le métal sous une forme intermédiaire, à l'état de *fonte ;* puis elle convertit la fonte en fer par une seconde phase du travail métallurgique. La fonte est en elle-même un produit industriel d'une immense importance ; une grande partie du métal extrait est employée sous cette forme et s'arrête au premier degré de transformation. Mais c'est relativement au fer proprement dit, qui doit franchir les deux degrés, subir les deux phases du traitement, que la méthode indirecte justifie son nom. C'est de la première et de la plus simple des deux méthodes qu'il convient de parler tout d'abord.

Conditions de l'exploitation par la méthode directe. — L'antique procédé, dont nous avons dit les grossiers et primitifs essais, lentement perfectionné à travers les siècles, s'est transmis jusqu'à nos jours. Sous sa forme la plus développée, tel qu'on le pratique encore dans les petites usines des montagnes françaises, il est désigné dans la métallurgie sous le nom de *méthode catalane*. En effet, c'est surtout dans les provinces méridionales, notamment en Catalogne, que la méthode directe s'est traditionnellement perpétuée depuis les dates immémoriales où nos ancêtres les Gaulois exploitaient les riches mines des Pyrénées; c'est là qu'il faut aller l'observer dans sa rude et pittoresque simplicité.

La forge catalane.

Établissement de l'usine. — La méthode directe, pour des raisons que nous exposerons plus loin, emploie exclusivement pour combustible le *charbon de bois*. D'autre part elle n'est applicable qu'aux minerais riches, plus spécialement à ceux que nous avons désignés sous le nom de *minerais de montagne*, parce qu'ils se rencontrent dans les terrains bouleversés des régions montagneuses, souvent à de grandes hauteurs, dans les lieux les moins accessibles. Or sur un sol accidenté où l'établissement d'une route praticable, d'un chemin de fer, d'un canal, serait une entreprise titanesque, où les chemins ne sont que de rudes sentiers, tantôt grimpant aux flancs des escarpements, tantôt se précipitant en pente raide dans les ravins, le transport à grandes distances de matières lourdes et encombrantes comme le minerai et le combustible constituerait une dépense hors de proportion avec les bénéfices réalisables. Il faut que l'usine se rapproche autant que possible de la mine, de la forêt.

C'est donc dans quelque gorge pittoresque de la région boisée des montagnes que s'abrite la *forge à la catalane.* De loin, tandis qu'un détour de la vallée la cache encore aux yeux, les chemins défoncés de larges ornières, noircis par le charbon, rougis par l'oxyde de fer, et bientôt le choc sourd de son pesant marteau, révèlent sa présence. Ce bruit entendu n'a rien du son clair, métallique, de la masse du maréchal tintant sur l'enclume : c'est un ébranlement sans résonnance qui a quelque chose de souterrain. On dirait qu'il se transmet surtout par le sol : et en effet le sol vibre. — Puis voici apparaitre les bâtiments rustiques et irréguliers de l'usine, ses toits noircis par le charbon ; enfin autour des bâtiments, dans les cours, sur les terrains brûlés qui bordent la route, les tas de combustible et de minerai entamés de larges brèches.

Au fond de la gorge coule un petit torrent. Ce petit torrent qui écume dans son lit encaissé, c'est la vie de l'usine. C'est par lui que tout s'anime et se meut ; c'est lui qui lave, broie, souffle, martèle. Cette force motrice, indispensable auxiliaire, il fallait venir la prendre là où l'offrait la nature. — Ainsi trois conditions : proximité de la mine, proximité des forêts, eau motrice nécessaire pour mettre en mouvement les machines, se réunissent pour assigner à la forge des montagnes son emplacement et sa disposition.

Un barrage établi en amont brise le courant et contient ces eaux sauvages pour former une chute qui n'a pas moins de 4 ou 5 mètres : souvent le double. L'eau dérivée franchit la *vanne* pour s'élancer dans le *coursier*, étroit canal qui la conduit à la roue accolée au flanc de l'usine. Un autre canal, comme un petit aqueduc en planches, haut jeté sur une pittoresque charpente toute ruisselante et verdie par la mousse, amène l'eau à la hauteur des toits pour le service de la machine soufflante, tandis que le trop-plein se précipite en cascade au déversoir.

Tout l'établissement d'une forge catalane consiste en trois pièces essentielles, pourvues de leurs accessoires : le *foyer*, la *trompe* (machine souf- flante), le *marteau*. L'ensemble des opérations par lesquelles le minerai est transformé en fer peut aussi se diviser en trois périodes : la *préparation* du minerai, la *réduction* au feu de la forge, le *martelage*. — Chaque feu occupe de six à dix ou- vriers qui se relèvent par escouades, et entre les- quels sont répartis les divers rôles dans le travail que nous allons maintenant décrire.

Préparation des minerais. — La préparation des minerais varie un peu suivant leur nature. Il est rare qu'ils soient assez souillés de boue pour exiger le *lavage* (*débourbage*). Cette opération, quand elle est nécessaire, se fait dans une grande auge de bois ou de pierre où le minerai est remué à la pelle, tandis qu'un filet d'eau courante traversant l'auge délaie et entraîne les parcelles terreuses. Le plus souvent on se contente de laisser le minerai en tas, exposé à l'action des pluies.

Les minerais poreux, friables, tels que les oxydes hydratés, peuvent être soumis directement au feu de la forge : les minerais durs, compactes, ceux qui contiennent de la craie, doivent être préalablement *grillés*, c'est-à-dire légèrement calcinés dans un four analogue à nos vulgaires *fours à chaux*. Le but de cette opération étant de désagréger le mi- nerai, il faut éviter une trop vive chaleur qui au- rait au contraire pour effet de l'agglutiner.

Il reste enfin à broyer grossièrement, ou plutôt à écraser le minerai : ce qui se fait sous le marteau même de la forge. On le passe ensuite au crible ; la partie la plus finement broyée qui se sépare sous forme de sable s'appelle, dans l'argot de forgeron catalan, la *greillade*. Le reste, simplement brisé en menus fragments, demeure sur le crible : c'est la *mine*. — La *préparation* du minerai est achevée : la phase principale des opérations, la *réduction*, va commencer dans le foyer.

Le foyer. — A l'intérieur de la halle de l'usine, aupied de la muraille noircie, est creusé dans le sol un trou à peu près carré, de 70 à 80 centimètres de profondeur. Ce trou, c'est le *foyer*, autrement dit le *creuset*. Le fond est dallé d'une large et lourde pierre réfractaire à l'action du feu : une pierre de granit, de grès, par exemple. La paroi appuyée à la muraille forme un contre-mur de bri-

Coupe du creuset.

ques réfractaires qui s'élève à quelques pieds au-dessus du sol. C'est à travers ce contre-mur et la muraille elle-même que pénètre, par une ouverture oblique, la *buse* ou *tuyère* de la machine soufflante. Le tuyau conique, en cuivre rouge, semblable au bec d'un soufflet, est fortement incliné pour lancer le vent vers le fond du creuset; au-dessous de la tuyère, c'est-à-dire dans la partie qui subit l'action la plus violente du feu, le contre-mur en briques est remplacé par d'épaisses plaques de fer. La paroi par laquelle pénètre la tuyère se nomme les *porges*;

celle qui lui fait face est appelée le *contrevent* ou *latairol*. Celle-ci encore est formée de lourdes plaques de fer superposées et fortement consolidées ; à sa partie supérieure elle se recourbe et se déverse comme le bord d'une coupe évasée, et vient affleurer le sol, un peu relevé en pente douce à cet endroit. Une des faces latérales du creuset, nommée le *chio*, est percée à sa partie inférieure d'une ouverture que l'on débouche à certains moments pendant l'opération, pour faire écouler les *scories* dans une rigole pratiquée à cet effet. Enfin la paroi opposée à celle-ci, construite comme elle en briques réfractaires et légèrement inclinée en dehors, porte le nom de *cave*. — A ce foyer, point de cheminée : les produits de la combustion et la poussière de charbon que le courant d'air entraîne s'échappent librement par une large ouverture ménagée dans le toit.

La trompe. — La machine soufflante qui anime le foyer, la *trompe*, mérite quelques lignes de description. Originale, ingénieusement rustique et primitive, elle porte une pittoresque empreinte de couleur locale. — Imaginez donc une vaste et forte caisse close de bois de chêne, en forme de coffre allongé : 3 mètres de longueur sur une hauteur et une largeur de 1ᵐ 50 environ. Sur cette *caisse à vent* se dressent verticalement deux longs tuyaux de bois, hauts de 4 à 6 mètres. Chaque tuyau est

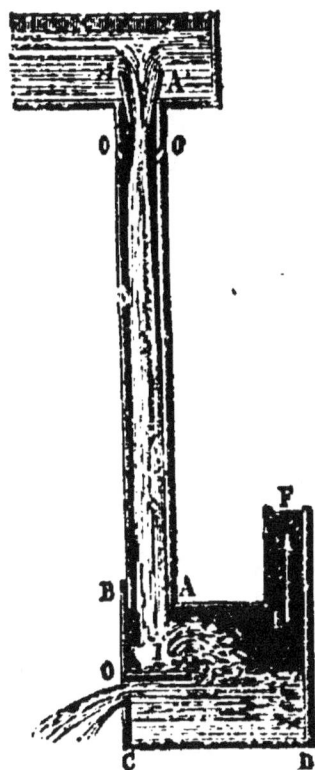

A, étranguillon ; O, prise d'air ; AA, arbre ; I, banquette ; C, ouverture de dégagement pour l'eau ; EF, conduit pour l'air.

formé du tronc élancé d'un jeune sapin, évidé intérieurement : c'est l'*arbre* de la trompe. A sa partie
supérieure, l'arbre, perçant le fond d'une cuve
carrée élevée sur une haute charpente, reçoit l'eau
que lui amène ce canal dont nous avons précédemment parlé. Mais l'eau qui se précipite avec violence par l'étroit tuyau n'y entre pas librement. A
l'ouverture une sorte d'entonnoir, évasé vers le
haut, rétréci par le bas, resserre, *étrangle* le passage que l'eau doit franchir : c'est ce qu'on appelle
l'*étranguillon*. Immédiatement au-dessous du ré-
trécissement sont percés des trous obliques, com-
muniquant avec l'extérieur. En tombant par le
conduit vertical l'eau entraîne dans sa chute rapide
l'air qui s'y trouve contenu ; une aspiration se produit et fait affluer l'air extérieur par les ouvertures
pratiquées au-dessous de l'étranguillon. L'eau écu-
meuse mêlée à l'air entraîné vient se briser à l'intérieur de la caisse sur une planche nommée la
banquette. L'air alors se sépare, et s'accumule dans
la partie supérieure du coffre; l'eau, emportée par
sa pesanteur, en gagne le fond. Cette eau rempli-
rait bientôt totalement la capacité de la caisse, si
une ouverture convenablement ménagée vers le
bas ne la faisait échapper à mesure qu'elle afflue
par les *arbres ;* tandis que l'air comprimé s'é-
lance avec force dans le conduit qui l'amène à la
tuyère.

Telle est cette curieuse machine dont l'avantage
est de donner un vent d'une force égale et facile à
régler. Inventée en Italie vers le milieu du xviiie siècle, la trompe a remplacé dans les forges des montagnes les énormes et grossiers soufflets dont on se
servait auparavant. Pour la mettre en action, pour
augmenter ou diminuer à son gré la force du vent,
il suffit au forgeron de soulever plus ou moins une
sorte de bouchon conique appelé *coin*, qui ferme,
lorsque la trompe est arrêtée, l'ouverture évasée
par laquelle l'eau entre dans l'arbre. Cette ma-

nœuvre se fait le plus facilement du monde, à l'aide
d'une bascule légère, et d'une corde qui prend près
du foyer, à portée de la main.

La marche du feu. — La construction de ces
deux appareils essentiels, le *foyer* et la *trompe*,
étant connue, la marche de l'opération elle-même
se comprend facilement. L'ouvrier procède d'abord
au *chargement* du feu. Des charbons allumés sont
jetés au fond du creuset; par-dessus on tasse fortement du charbon *noir*, jusqu'à la hauteur de la
tuyère. Puis le forgeron plante sa large pelle au
milieu du foyer, en face de la tuyère, de manière à
partager l'espace en deux parties, l'une en avant,
l'autre en arrière. Du côté de la tuyère on entasse
le charbon, du côté du contrevent, le minerai. Le
tas de charbon et de minerai doit surmonter considérablement le creuset. L'ouvrier, alors, retire sa
pelle; puis il recouvre le charbon de *brasque* (charbon pilé largement arrosé); par-dessus, un nouveau
lit de charbon fortement tassé avec la pelle; enfin
une dernière couche de brasque. Le chargement du
creuset dure quelques minutes, après lesquelles on
donne un bon coup de vent pour allumer la masse
et faire *partir* le feu. Alors des flammes bleuâtres
sortent vers le devant du foyer, là où est entassé
le minerai. C'est pour contraindre la flamme et les
gaz brûlants à traverser ainsi la masse de minerai,
qu'on a obstrué autant que possible toute issue du
côté du charbon, à l'aide de la brasque comprimée
à la pelle. Le feu étant bien allumé, on diminue le
vent, et l'opération mise en train va se continuer
régulièrement.

À mesure que le charbon brûle au fond du foyer
sous le vent de la tuyère, le contenu du creuset
s'affaisse; mais on le maintient à la hauteur convenable en ajoutant, alternativement et par couches,
du charbon et de la *greillade* (minerai en poudre)
largement mouillée. De temps en temps on tasse le
charbon et on arrose sa surface, afin que le feu ne

gagne pas trop vite le haut du tas. On continue à ajouter ainsi le charbon et la greillade humide, tandis que le vent s'active graduellement. Au bout de deux heures seulement on commence à ajouter, sur le devant du tas, de la *mine*, c'est-à-dire du minerai en fragments. C'est ce qu'on appelle *nourrir le feu.* De temps en temps l'un des ouvriers débouche avec une barre de fer, l'ouverture du *chio ;* des scories brûlantes et fluides s'écoulent par la rigole comme un mince filet de lave. — Puis l'ouverture du *chio* est rebouchée avec un tampon d'argile humectée. — Si les scories sont pâteuses et lancent, en arrivant à l'air, de vives étincelles, c'est qu'elles entraînent des parcelles de fer : on les brise, lorsqu'elles sont refroidies, et on les remet sur le feu avec le minerai.

L'opération se continue ainsi jusque vers la 5ᵉ heure. Pendant ce laps de temps, environ 500 kil. de minerai, et 6 ou 8 fois autant de charbon ont été successivement introduits dans le foyer.

Théorie du feu catalan. — Que se passe-t-il sous cette voûte ardente? — Le minerai introduit d'abord à la région la plus éloignée de la tuyère et la moins chaude, mais traversé par les gaz brûlants qui s'échappent du creuset, s'échauffe, se délite. L'eau contenue dans les minerais hydratés, *l'acide carbonique* des minerais *carbonatés,* déjà chassés en grande partie par le *grillage,* achèvent de se dégager; la matière demeure à l'état d'*oxyde de fer.* A mesure que la *charge* descend dans le creuset, le minerai descend aussi vers les régions plus chaudes où la réaction principale, la *réduction,* la *désoxydation* s'accomplit.

Sous le rapide jet d'air de la tuyère, le charbon brûle avec vivacité, en émettant une chaleur très-intense. En cet endroit *l'oxygène,* amené par le souffle de la trompe, affluant en abondance, se combine avec le charbon, et produit, conformément aux principes énoncés dans la seconde partie de cet ouvrage, de l'acide carbonique CO^2. Mais ce gaz une fois produit se répandant à travers la masse incandescente, se trouve en présence d'une quantité considérable de charbon à une haute température. Partageant alors avec ce charbon l'oxygène qu'il possède, l'acide carbonique donne naissance à de l'oxyde de carbone CO, conformément à la relation déjà exposée :

$$CO^2 + C = CO + CO.$$

L'oxyde de carbone ainsi produit est l'agent essentiel de la réduction. A son tour il va traverser les couches de minerai chauffées à la chaleur rouge. Avide d'oxygène, il s'empare de celui que contient l'oxyde de fer pour repasser à l'état d'acide carbonique CO^2. Le fer ainsi *désoxydé* demeure seul, *réduit* à l'état métallique.

Cependant la masse en voie de réduction descend de plus en plus vers le fond du creuset, où elle rencontre une chaleur de plus en plus intense. A cette température les parties pierreuses, la *gangue* mélangée au minerai, fond, et forme cette substance vitreuse qui constitue la *scorie*. Malheureusement cette sorte de verre ou de lave se forme toujours aux dépens d'une partie du métal. La *silice* que contient la gangue se combine à ce fer pour former une quantité considérable de *silicate de fer*, matière noirâtre, fusible ; et le métal ainsi combiné intimement dans la scorie est perdu pour le forgeron. — La scorie fluide se réunit au fond du creuset, d'où on la fait écouler par intervalles, ainsi que nous l'avons expliqué.

Le fer *réduit* en *grumeaux* spongieux, ramollis par l'excessive chaleur et imprégnés de scorie coulante, s'amasse graduellement au fond du foyer.

Formation du massé. — Lorsque la quantité de fer métallique produite est jugée suffisante, c'est-à-dire vers la fin de la sixième heure, on cesse d'ajouter du minerai ; on fait écouler une dernière fois les scories, et on donne un vif *coup de feu* en augmentant la force du vent. Le tas s'est alors embrasé dans toute sa masse, le minerai a disparu sous le charbon. Le forgeron et ses aides plongeant leurs *ringards* (longues barres de fer) dans la fournaise ardente, écartent un peu les charbons, recueillent, roulent, pétrissent les grumeaux de fer, les *soudent* les uns aux autres, les réunissent pour en former une seule masse spongieuse, qu'on nomme le *massé* ou la *loupe*, et qu'ils poussent sous le vent même de la tuyère. Cette opération se nomme la *baléjade*. — Une flamme blanche jaillit, et éclaire fantastiquement l'atelier de ses reflets ardents; la fournaise vomit des gerbes d'étincelles. Au bout de dix minutes environ l'opération est achevée ; la *loupe*, assez régulièrement tournée, offre à peu près la forme d'un pain rond. Alors trois ou quatre vigoureux ouvriers, enfonçant leurs ringards sous la masse pâteuse, et les faisant basculer comme des leviers sur le bord du *contrevent*, enlèvent du foyer la loupe éblouissante, et, réunissant leurs efforts, la jettent sous le marteau.

Le cinglage. — Le marteau ou *mail* de la forge catalane pèse d'ordinaire de 600 à 700 kilogr. La *tête* est de fonte, solidement assujettie avec des coins à la forte poutre de bois qui représente le *manche*. Cette poutre, renforcée encore de pièces de fer, repose par son milieu sur des *tourillons* soutenus par une massive et inébranlable charpente. Ainsi disposé le marteau bascule de telle sorte que, pour lever la tête, il faut abaisser l'extrémité opposée, la *queue*. C'est, avons-nous dit, une roue hydraulique qui le met en mouvement. Cette roue est absolument semblable à la roue d'un moulin à eau, mais de dimensions plus grandes, et de plus grande puissance. Son gros *arbre* (essieu) de bois renforcé de fer pénètre à l'intérieur de la forge par une ouverture pratiquée dans la muraille. Quatre dents saillantes ou *cames* sont fixées à cet essieu, de telle sorte qu'en tournant avec lui elles rencontrent la queue du marteau, la heurtent et la forcent à s'abaisser, élevant ainsi la *tête*. Puis, continuant de tourner, la came se dégage et abandonne à lui-même le marteau, dont la tête retombe de tout son poids sur l'enclume. A peine le coup est-il frappé que la came suivante saisit à son tour le marteau, et renouvelle le choc. *L'enclume* est une large et lourde plaque de fer très-solidement établie, au niveau même du sol de l'atelier.

Au moment où la *loupe* toute rouge de feu est portée sous le marteau, la *vanne* ou *pelle* (petite écluse) qui ferme l'entrée du *coursier* est levée ; l'eau se précipite, la roue s'ébranle, et le mail alternativement soulevé et retombant, frappe à coups redoublés. Sous ce choc, la masse spongieuse et molle s'écrase ; les scories fluides suintent de toute part et se figent en coulant sur le sol ; les étincelles jaillissent. La loupe tournée et retournée sous le marteau se resserre ; ses parties se soudent et s'agglutinent fortement ; elle devient une masse de fer dense et compacte. — Cela s'appelle *cingler* la loupe. Pour un bon *cinglage* le mail doit abattre 100 à 120 coups par minute.

La loupe cinglée est partagée, tandis qu'elle est encore rouge, en deux ou trois parties (*masselottes*, *lopins*) qui, réchauffées sur le feu même pendant l'opération suivante, seront ensuite *étirées*, c'est-à-dire forgées en forme de barres plus ou moins allongées, sous le même marteau, mais à coups moins précipités et moins violents. — Pendant ce temps une nouvelle opération a commencé dans le creuset.

Qualités du fer obtenu par la méthode catalane. — Une *charge* de foyer catalan traité par un feu de 6 heures consomme à peu près 1200 kilog. de charbon pour transformer 450 à 500 kilog. de minerai, et livrer à l'industrie de 180 à 200 kilog. de fer forgé.

Le fer obtenu par cette méthode est de bonne qualité; nerveux, tenace et pourtant malléable, il est surtout recherché pour la fabrication des instruments d'agriculture. Suivant la manière de diriger les détails de l'opération, un habile forgeron obtient à volonté du fer *doux*, ou du fer *fort*, c'est-à-dire dur et aciéreux ; nous aurons lieu de revenir sur ce dernier point.

La qualité des produits tient ici surtout à la nature du combustible, qui est le charbon de bois. Mais cet avantage de la méthode directe est plus que compensé par de graves inconvénients. La forge catalane ne peut traiter que des minerais purs et riches; le charbon de bois est cher et le devient de plus en plus; la dépense de combustible est énorme, et il y a beaucoup de chaleur perdue. De plus, ainsi que nous l'avons fait observer, une certaine quantité de fer entre dans la composition de la scorie : c'est une perte considérable. De 100 kilog. d'excellent minerai on retire environ 41 kil. de fer ; 12 kil. de métal passent dans la scorie ! — Tout cela se traduit par une dépense très-forte et un prix de revient très-élevé. Enfin la production est assez restreinte.

Variantes de la méthode directe. — Nous avons décrit avec quelques détails le travail de la forge catalane parce qu'elle nous offre le type parfait — on pourrait dire *classique*, de la *méthode directe;* les autres procédés qui se rattachent à la même méthode se trouveront suffisamment expliqués par une brève comparaison. Remplacez, en effet, par la pensée, la *trompe* du feu catalan par de grossiers et lourds soufflets, rétrécissez le creuset, et vous avez le foyer qui alimentait l'industrie des fers et des aciers au moyen âge; le foyer où s'extrayait le métal qui devait se transformer en épées, en haches d'armes, en lourdes et brillantes armures.

Ces *creusets* des forges gauloises dont nous retrouvons les débris dans les gorges des Pyrénées,

et tous ces anciens *bas-foyers* pourvus de rustiques soufflets que nous avons décrits déjà, n'é-
taient, avons-nous dit, que des forges catalanes à un
état plus ou moins imparfait, plus ou moins rudi-
mentaire, et rendant, avec plus ou moins de labeur,
de dépenses et de pertes, un produit en quantité et
en qualité très-variables. Quant aux petits fourneaux à forme plus élevée qui ont précédé ceux-ci
aux plus lointaines époques, et se sont conservés
dans toute leur primitive simplicité chez les nations
peu industrieuses, ils diffèrent par l'aspect du type
que nous venons de décrire. Mais à cela près que
le tirage naturel y remplace le vent forcé des soufflets, tout s'y passe encore de la même manière. Les
réactions par lesquelles le métal est réduit, le travail qui en expulse les scories, tout enfin, sous une
forme plus grossière, est essentiellement identique :
ce qui nous dispense de donner la théorie de ces
appareils imparfaits.

Les feux construits et dirigés conformément au
type que nous avons décrit sont encore aujourd'hui
assez nombreux dans les Pyrénées françaises, et
sur le versant espagnol des mêmes montagnes;
dans l'Ardèche, et dans les Alpes, dans l'Apennin,
dans les Calabres. Les foyers encore usités dans les
autres régions montagneuses et boisées de l'Europe
en diffèrent assez peu. En Corse, par exemple, le
creuset est plus petit, l'opération plus courte. Dans
les vallées sauvages de l'Erzbirge et du Boëhmer-
wald se cachent les forges Bohémiennes, dont les
étroits foyers engloutissent le combustible d'une
manière effrayante. Enfin, sur le versant oriental
des Alpes scandinaves on fait encore aujourd'hui
usage de fourneaux réduits à la forme la plus simple. Ces appareils imparfaits, mais de construction
facile et peu coûteuse, permettent de tirer parti de
gîtes peu abondants et d'accès difficile qui ne vau-
draient pas la dépense d'usines établies sur une
plus grande échelle et d'appareils plus perfection-

nés. On les emploie, notamment, pour traiter certains minerais sablonneux extraits du fond même de ces petits lacs, si nombreux en Suède, qui disposés en étages sur les pentes accidentées se déversent les uns dans les autres comme les vasques d'une fontaine.

Inconvénients de la méthode directe. — Les inconvénients que nous avons exposés : nécessité de se restreindre aux minerais les plus riches, consommation considérable de combustible, perte de métal, haut prix des produits, expliquent suffisamment pourquoi la *méthode directe* est de plus en plus délaissée, malgré sa simplicité. Le rendement des foyers catalans est, du reste, tout à fait hors de proportion avec les exigences presque illimitées de notre industrie, exigences auxquelles peuvent seules satisfaire les formidables usines moderne. C'est surtout le besoin de tirer parti de minerais moins purs et moins riches, mais répandus par lanature avec une prodigalité merveilleuse en gîtes puissants, presque inépuisables, qui a conduit à la construction du *haut fourneau* et à l'invention de la *méthode indirecte*. Devant cette redoutable concurrence, l'industrie des *fers au petit foyer* ne pouvait que déchoir. Aussi le nombre des feux à la catalane n'a-t-il cessé d'aller en diminuant; la production annuelle du fer par ce procédé ne dépasse pas actuellement, en France, 100, 000 quintaux métriques; ce qui est une fraction minime de la production totale. Et cependant, malgré ces causes d'infériorité, la méthode directe se soutient encore et se soutiendra dans certaines conditions locales exceptionnelles qui lui sont favorables, où l'application des procédés modernes et la création de grandes usines rencontreraient, ainsi que nous l'avons fait entrevoir, des difficultés matérielles insurmontables. D'ailleurs des perfectionnements peuvent intervenir, et changer d'un moment à l'autre les conditions de la lutte. Déjà d'ingénieux essais ont été tentés; et il se pourrait qu'avant peu la *méthode directe* — mais alors profondément transformée — reprit toute son importance première.

LA MÉTHODE INDIRECTE.

La fonte.

Nature de la fonte. — Imaginez que nous soumettions au feu d'une forge catalane un minerai peu riche, où le fer se trouve disséminé dans une masse considérable de *gangue*. Une quantité énorme de scorie va se produire; et comme cette scorie entraîne avec elle (en combinaison intime avec la silice sous forme de *silicate de fer*) une proportion très-grande de fer, il arrivera que le métal du minerai sera ainsi presque tout entier absorbé en pure perte. D'autre part les parcelles métalliques qui auront échappé à cette combinaison se trouveront tellement disséminées dans la masse demi-fluide des scories qu'il deviendra impossible de les recueillir avec le ringard pour les agglomérer, les souder ensemble et former la loupe. — Que faire donc?

Mais la chimie nous enseigne un moyen d'empêcher la perte du fer par les scories. Il faut, avons-nous dit, que la silice de la gangue trouve à se combiner et forme les silicates. Or, si nous ajoutons au minerai une certaine proportion de *chaux*, la silice ayant plus d'affinité pour la *chaux* que pour le fer se portera sur celle-là de préférence. Au lieu de *silicate de fer* il se fera un *silicate de chaux*; et le métal qui aurait servi à former la scorie va demeurer à notre disposition. Éviter la perte de fer en ajoutant ce qu'en termes de métallurgie on appelle un *fondant*, telle est l'idée qui sert de base à la *méthode indirecte*. La réaction chimique essentielle est très-simple : mais voyons les conséquences.

La scorie ainsi obtenue, où le fer est remplacé par de la chaux, est très-difficile à fondre : or il faut qu'elle fonde, pour qu'elle se sépare du métal. Donc il faudra produire une très-haute température. A cette chaleur extrême le métal entrera lui-même en fusion au lieu de demeurer à l'état mou et pâteux. Il n'y aura plus à craindre que les parcelles de fer restent empâtées dans la masse des scories; quelque disséminées qu'elles soient, devenues fluides elles couleront et se réuniront sans peine au fond du creuset : ainsi le second obstacle se trouvera levé en même temps que le premier. Mais en subissant cette température excessive au milieu de la masse embrasée, le fer réduit ne se conservera pas pur ; il se combinera avec certaines substances qui altèreront sa nature et ses propriétés. Et quand nous ferons écouler le métal fluide accumulé au fond du creuset, ce ne sera pas du *fer* que nous recueillerons : ce sera de la *fonte*.

Qu'est-ce que la fonte? — La fonte est du fer combiné avec une petite quantité de carbone ; de 3 à 5 pour cent (en poids) environ. Les limites extrêmes sont 2, 3 0/0 et 5, 9 0/0.

Mais cette minime proportion suffit pour changer totalement les propriétés du métal. Le fer pur est relativement flexible ; liant quoique tenace, il plie sans rompre; il se laisse tordre, limer, aplatir sous le marteau ; il se laisse facilement entamer au ciseau d'acier, à la lime. La fonte est cassante, elle se brise sous le choc ; elle est rebelle, plus ou moins, au ciseau et à la lime. Chauffé au rouge, le fer docile se laisse pour ainsi dire pétrir sous la forme qu'on veut lui donner : la fonte ne peut être forgée. En compensation de ces inconvénients la fonte possède la précieuse propriété de se laisser couler dans des moules tandis qu'elle est fluide, et d'en garder fidèlement l'empreinte après le refroidissement. — Tout cela dû à quelques atomes de charbon ! Ajoutons cependant que la fonte contient toujours, en outre, quelques autres substances : du silicium, par exemple, du phosphore, du soufre; et ces substances, quoiqu'en proportion minime, ne sont pas sans influence sur ses propriétés.

Diversité des propriétés des fontes. — Il y a deux espèces de fontes distinguées par des caractères bien tranchés : la *fonte grise* et la *fonte blanche*, ainsi nommées de l'aspect qu'offre le métal. La fonte grise se rapproche davantage du fer ; quoique beaucoup plus dure que lui, elle se laisse encore entamer au tranchant de l'acier ; on peut encore la limer, la percer, la tourner ; elle a de la ténacité, résiste assez bien au choc. La fonte blanche, d'une dureté extrême et cassante à l'excès, est absolument intraitable.

En somme, plus il y a, dans une fonte, de *carbone combiné avec le fer*, plus cette fonte est dure et cassante, plus elle est facile à fondre : chose toute naturelle. Mais ici rappelons-nous la différence qu'il y a entre la *combinaison*, association intime de deux [1] substances, modifiant, transformant pour ainsi dire profondément l'une et l'autre, et le simple *mélange*, où les parcelles sont seulement voisines les unes des autres. Or, dans la fonte blanche *tout* le carbone qu'elle contient est à l'*état de combinaison*, intimement uni au fer, et lui communique au plus haut degré les qualités spéciales de dureté et de fragilité. Le carbone, dissous, a *disparu* pour ainsi dire par le fait de sa combinaison avec le métal, et ne révèle aucunement sa présence à notre œil, aidé même des plus puissants instruments. Dans la fonte grise, au contraire, une partie seulement du carbone qu'elle contient est en combinaison avec le fer et influe sur ses propriétés. Le reste est non pas uni chimiquement, mais simple-

1. Dans les cas les plus simples.

ment mêlé au métal ; figurez-vous comme des grains excessivement ténus de sable noir disséminés dans la masse métallique. Ces parcelles de charbon mêlées au métal, et dont le microscope décèle la présence, donnent à la fonte grise sa teinte caractéristique. Mais comme cette quantité de carbone *non combinée* n'a pas d'influence sensible sur les qualités du produit métallique vu qu'elle n'en fait pas partie en réalité, la fonte grise doit avoir et a, en effet, à un moindre degré que la fonte blanche, les propriétés que le carbone donne au fer. La fonte grise est plus difficile à fondre et moins coulante que la fonte blanche.

Le carbone *dissous* dans le métal en fusion tend à se séparer en partie de sa combinaison pendant le refroidissement, pour prendre cet état de parcelles non combinées, simplement interposées dans la masse. Mais ce phénomène exige un certain temps pour se produire. Coulez une certaine quantité de bon métal fondu, et faites-le refroidir rapidement : le carbone n'ayant pas le temps de se séparer du fer y demeure intimement associé : vous avez de la fonte blanche. Si au contraire vous laissez une même quantité de métal fondu se refroidir très-lentement, une partie du carbone se dissocie, se sépare de la combinaison et reste simplement interposé dans la masse du métal refroidi : vous avez de la fonte grise. — La fonte grise refondue, coulée et refroidie rapidement se transformera en fonte blanche. Une bonne fonte blanche, bien pure, refondue, coulée et refroidie très-lentement deviendra fonte grise. Mais la mauvaise fonte blanche, celle qui contient une trop grande quantité de soufre, de phosphore et autres matières nuisibles, ne cesse pas d'être cassante, quelque lentement qu'on la refroidisse, et ne prend jamais les propriétés ni l'aspect de la fonte grise. Ces phénomènes ont, au point de vue de l'industrie, une haute importance, comme on le verra bientôt.

Dans les deux espèces, fonte grise et fonte blanche, les métallurgistes distinguent d'assez nombreuses variétés. Ainsi une fonte très-grise, très-
douce, est quelquefois appelée *fonte noire* par al-
lusion à sa teinte foncée; il y a les *fontes truitées*,
dont la cassure est mouchetée de petites taches
noires. Les fontes blanches sont de même divi-
sées en *fontes lamelleuses*, dont la cassure présente des lamelles miroitantes, *fontes grenues*,
fontes fibreuses, diverses d'aspect et de qualités.
Une partie de ces fontes est réservée pour la fabrication du fer, et subira la seconde phase du traitement par la *méthode indirecte*. Le reste est immédiatement employé, et reçoit des formes diverses
par le procédé de *moulage*.

Construction du haut-fourneau. — La production de la fonte exige une très-haute température ;
par contre, l'état fluide du métal ainsi obtenu
constitue un avantage inappréciable. Au creuset de
la forge catalane la quantité de fer réduite à chaque opération avait une limite qu'on ne pouvait
dépasser : le poids maximum d'une loupe que le
forgeron puisse pétrir, retourner, enlever avec son
ringard. Ici le travail musculaire n'a pas à intervenir ; la production est pour ainsi dire illimitée.
Elle ne dépend plus que des dimensions de l'appareil, et rien ne nous empêche de les décupler,
de les centupler. — L'antique fourneau à loupe
(Stukofen), énormément agrandi et surélevé, donna
naissance, vers le xvie siècle, au *haut-fourneau*
moderne.

Le haut-fourneau offre extérieurement l'aspect
d'une tour ronde massive, élargie à la base, et de
10 à 15 mètres ou même 20 mètres de hauteur. La
tour est souvent adossée à un escarpement ou reliée
à un plan incliné en maçonnerie qui donne accès
sur la plate-forme. Le muraillement extérieur est
en pierre ; la cavité intérieure, immense, profonde
comme un gouffre, est revêtue de briques réfrac-

Coupe du haut-fourneau. — G, gueulard. — C, cuve, — V, ventre.
— O, ouvrage. — H, creuset où s'amassent la fonte et le laitier.
— A, dame par-dessus laquelle déborde le laitier. — T, conduit
amenant le vent aux tuyères.

taires les plus résistantes. Cette cavité a la forme
de deux cônes tronqués opposés par leurs plus
larges bases, et dont le raccordement est adouci
par une courbure ménagée. Le cône supérieur,
plus allongé, dépasse la plate-forme, et se continue en un énorme tuyau de cheminée tournant
vers le ciel sa large ouverture. Cette ouverture,
cette gueule béante, c'est ce qu'on appelle le *gueulard*. La capacité du cône supérieur se nomme la
cuve du fourneau ; la région la plus élargie est
le *ventre*. Le cône inférieur est plus court et se
rétrécit plus rapidement ; sa cavité en entonnoir
forme les *étalages*. Il se termine par une capacité
rétrécie figurant comme le tuyau de l'entonnoir.
Cette dernière région est assez ordinairement à
quatre pans, et rappelle par sa forme le foyer de
la forge catalane. Elle se nomme l'*ouvrage*, dans
la langue des fondeurs. C'est dans cet espace ré-
servé que se concentre la plus violente chaleur ;
c'est là que rugit le vent des tuyères, dévorant le
combustible avec une rapidité terrible. — Au-
dessous, le *creuset*, où se rendent les matières
fondues,

Trois tuyères pénètrent par d'étroites ouvertures
à travers trois des parois de l'*ouvrage*. La quatrième paroi, nommée la *tympe*, mure le fond d'une
arcade voûtée et profonde, dont l'entrée, largement
ébrasée, s'ouvre sous le hangar où s'abritent les
ouvriers. Or la *tympe* ne descend pas jusqu'au
niveau du fond du creuset ; c'est une lourde pierre
nommée la *dame* (Damm, en hollandais, *digue*)
qui, scellée comme un seuil, forme en cet endroit
la quatrième paroi. La dame est posée un peu en
avant ; de telle sorte qu'entre elle et le bas de la
tympe il reste un étroit passage remontant par où
débordera la lave en fusion, — je veux dire les
scories, le *laitier*. La dame elle-même est percée
en son milieu d'un trou correspondant au fond du
creuset ; c'est le *trou de coulée*, qui doit donner

passage au métal fondu. Pendant l'intervalle des coulées il est obstrué par un tampon d'argile fortement bourrée à l'aide du ringard.

Telle est, esquissée à grands traits, la construction du gigantesque foyer. Ses proportions varient dans certaines limites : on en construit de plus bas, de plus élevés, de plus étroits, de plus *ventrus*, selon les habitudes locales, selon la nature des minerais et du combustible. Une fois construit, le fourneau est séché ; on le remplit graduellement de combustible, en y entretenant un feu d'abord très-doux, puis de plus en plus vif. Ce n'est qu'au bout de 20 ou 30 jours que l'on commence à introduire du minerai. A partir de ce moment la fournaise ne se reposera plus jamais, ni jour ni nuit, jusqu'à ce que l'usure contraigne à des réparations. La *campagne* d'un fourneau dure de cinq à sept ans, en moyenne. Les deux ou trois premiers jours le haut-fourneau ne produit ordinairement que de la fonte blanche ; au bout de ce temps, il a pris sa marche normale, et peut fournir de la fonte grise si la nature des matières premières le permet.

La machine soufflante. — Avant de décrire la série des opérations métallurgiques, disons encore un mot de la machine soufflante destinée à alimenter la combustion. Ici une trompe, des soufflets de forge seraient insuffisants. La machine soufflante la plus usitée est, à la lettre, une *pompe à air*, offrant la disposition générale d'une pompe foulante vulgaire. Elle a pour organe essentiel un vaste cylindre creux dans lequel se meut un piston. Imaginez que le piston se soulève : il laisse au-dessous de lui un espace où l'air extérieur va se précipiter, en soulevant par sa pression une large soupape s'ouvrant *en dedans*, comme on pousse une porte pour entrer. L'air aspiré remplit le cylindre ; et quand le piston, arrivé au haut de sa course, va commencer à redescendre, il comprimera, et refoulera cet air. Mais l'air comprimé ne pourra plus

ressortir par où il est entré ; la soupape d'*aspiration* s'est refermée par son propre poids, et la pression intérieure ne peut que la clore plus fortement.
Cette même pression, au contraire, fait céder une
autre soupape ouvrant en sens inverse de la première, c'est-à-dire *en dehors* ; l'air s'échappe par
cette voie qui lui est ouverte, et s'élance dans un
long conduit qui l'amène aux tuyères. Les mêmes
phénomènes se reproduisent dans la partie supérieure du cylindre qui est close (sauf l'ouverture
livrant passage à la tige du piston), et munie aussi
d'une soupape d'*aspiration* et d'une soupape de
refoulement. Cette pompe est donc à *double effet;*
c'est-à-dire que l'air est alternativement aspiré et
refoulé au-dessus et au-dessous du piston. Le
piston lui-même est mis en mouvement par une
machine à vapeur. Le plus souvent la machine
soufflante se compose non d'un seul cylindre, mais
d'une *paire* ou de deux paires de cylindres semblables. Les appareils peuvent lancer en une minute un volume d'air égal à la capacité du fourneau, c'est-à-dire de 50 à 100 mètres cubes :
plus de 1500 litres par seconde ! Certains d'entre
eux alimentant des hauts-fourneaux de dimensions exceptionnelles vont jusqu'au double et au
triple.

Le combustible consommé dans le haut-fourneau
peut être ou le charbon de bois, ou le coke ; mais
les détails de l'opération et la qualité des produits
obtenus diffèrent. Nous décrirons d'abord la marche
du haut-fourneau au charbon de bois, parce que
les réactions y sont plus simples. Avant le commencement de ce siècle, tous les fourneaux *mar-
chaient* au charbon de bois : l'emploi du combustible minéral offre des difficultés que l'industrie
moderne a seule su vaincre.

Préparation du minerai. — Quel que soit du
reste le combustible employé, le minerai doit le
plus ordinairement subir des préparations ana-

logues à celles que nous avons décrites à l'occasion
de la forge catalane ; mais ces opérations prélimi-
naires s'accomplissent sur une grande échelle, et à
l'aide d'appareils plus perfectionnés. Si les minerais
sont bourbeux, le lavage est nécessaire (*débourbage*) : il s'exécute mécaniquement dans une auge
demi-cylindrique où circule un courant d'eau, et où
des *palettes*, mises en mouvement par une machine, remuent le minerai : c'est le *patouillet*.
Souvent on peut se contenter d'arroser avec une
pompe semblable à une pompe à incendie le minerai déposé sur une *aire* au sortir de la mine.
Enfin le minerai en morceaux trop volumineux et
trop durs, doit être *bocardé*, c'est-à-dire brisé en
menus fragments sous les pilons d'une machine
appelée *bocard*.

Figurez-vous une auge de forme allongée ; une
batterie (rangée) de pilons verticaux successivement
soulevés et retombant de leur propre poids, brisent
le minerai versé dans l'auge. Derrière la rangée de
pilons s'étend horizontalement un gros *arbre* (ou
essieu) mis en mouvement par une roue hydraulique ou par une machine à vapeur. Cet arbre porte
à sa surface des *dents* ou *cames* qui, en tournant,
viennent accrocher des *clavettes* saillantes (men-
tionnets) fixées aux *tiges* des pilons. La came soulève le pilon ; puis continuant de tourner, elle se
dégage, et le pilon redevenu libre retombe de tout
le poids de sa lourde tête de fonte. Enfin, les minerais trop durs et trop compactes doivent, comme
pour le traitement au petit foyer, subir un *grillage*
préalable : opération qui s'exécute dans de vastes
fours semblables à des fours à chaux.

Trois sortes de matières doivent être incessamment déversées dans le fourneau en activité : le
combustible, le minerai, le *fondant ;* et ces substances doivent y être introduites dans une proportion déterminée. Ces lourdes masses sont amenées
dans de petits wagons sur la plate-forme du haut-

fourneau en face d'une large porte pratiquée au-
dessous de l'orifice du *gueulard*. L'ouvrier pousse
le wagon à l'entrée de cette porte; le tombereau
bascule, et le contenu s'écroule dans le gouffre. On
verse ainsi alternativement des wagons de combustible et des wagons de minerai mélangé au *fondant*
dans les proportions convenables, de manière à en-
tretenir la charge un peu au-dessous du niveau de
la plate-forme.

Théorie du haut-fourneau. — Voyons maintenant quelles sont les réactions qui se passent dans
les flancs embrasés du fourneau.

Considérez le haut-fourneau comme un canal traversé en même temps par deux *courants* opposés
de matières très-diverses. D'une part des matières
déversées par le gueulard cheminent très-lentement
vers le creuset ; d'autre part, des matières gazeuses
s'élèvent à travers la masse. La *charge*, combustible, fondants, minerai, descend ; le torrent gazeux,
air lancé par les tuyères, vapeurs dégagées, produits de la combustion, monte : matières solides et
gazeuses venant ainsi à la rencontre les unes des
autres sont mises en contact, réagissent, opèrent et
subissent des modifications réciproques. Le foyer
de la chaleur la plus intense étant dans l'ouvrage,
sous le vent de la tuyère, les matières qui constituent la charge subissent, à mesure qu'elles des-
cendent, une chaleur graduellement croissante ; le
courant gazeux qui les traverse se refroidit, au
contraire, à mesure qu'il s'élève.

A partir du moment où il est versé dans le fourneau, le minerai passe par une série de transformations qu'on peut diviser en quatre phases successives : *dessiccation, réduction, carburation,
fusion.*

Au *gueulard* et dans la partie supérieure de la
cuve, le minerai qui vient d'être introduit, traversé
par les gaz chauds qui s'élèvent du fond du fourneau, est soumis à une chaleur *obscure*, c'est-à-dire

inférieure à la chaleur rouge. Mais il s'échauffe : l'eau qu'il contient encore se dégage ; s'il est *carbonaté* son acide carbonique s'en va aussi, et le minerai demeure à l'état d'*oxyde de fer*. Ceci est, en réalité, un *grillage*. Ainsi lorsque le minerai est jeté dans le fourneau sans avoir subi aucunement l'action du feu, il est d'abord *grillé* dans le fourneau même. Si le minerai a passé par un grillage préalable, l'action commencée dans le four de grillage se continue et s'achève.

A mesure que le combustible se consume dans *l'ouvrage*, la charge s'affaisse ; et le minerai traverse lentement les parties supérieures de la cuve. Débarrassé des dernières traces d'eau et d'acide carbonique, il descend vers la partie moyenne et inférieure de la cuve, où sous l'influence d'une chaleur rouge de plus en plus intense la *réduction* commence et se continue. Le minerai perd graduellement son oxygène, qui lui est enlevé par le charbon et surtout par l'oxyde de carbone, suivant une réaction dont nous avons déjà parlé et sur laquelle nous reviendrons tout à l'heure. C'est surtout dans la région appelée le *ventre* que la *réduction* s'opère activement ; la chaleur y atteint le rouge très-vif. — Le *fer* est produit ; mais il est en parcelles disséminées dans la gangue. Il faut que cette gangue fonde et passe à l'état de scorie. C'est ce qui se fait dans la région des *étalages*, surtout à la partie inférieure. Là les matières de la gangue et du fondant réagissent l'une sur l'autre, et se combinent pour former la scorie qui porte ici le nom de *laitier*. De ce laitier le fer est chassé, grâce à l'action du fondant. Le laitier coule, ruisselle, traverse *l'ouvrage* sous forme d'une pluie de feu, pour aller s'amasser au fond du *creuset :* les parcelles de fer demeurent libres, isolées. Mais, avons-nous dit, la fusion du laitier exige la température excessive qui règne à la partie inférieure des étalages et dans l'ouvrage. A cette température les parcelles de fer, entourées de charbon incandescent se *carburent*, c'est-à-dire se combinent à la faible quantité de *carbone* qui les transforme en fonte. La chaleur produite dans l'ouvrage (1200°) ne suffirait pas pour rendre coulant le fer pur : mais le fer *carburé*, la fonte, est plus fusible. Elle fond donc ; elle coule en gouttelettes ardentes sous le vent des tuyères, et va se réunir au fond du creuset où son poids l'entraîne, sous la couche de laitier en fusion.

L'oxyde de fer, avons-nous dit, est réduit, c'est-à-dire *désoxydé* dans les étalages par l'action de l'oxyde de carbone. Le vent lancé par les tuyères apporte sur le charbon incandescent une quantité énorme d'oxygène : le carbone brûle avec rapidité, et, vu l'abondance de l'oxygène, se transforme en acide carbonique CO^2. Cette combustion développe aux environs des tuyères la chaleur extrême sous l'influence de laquelle le métal se carbure et se fond. Mais l'acide carbonique à peine formé, s'élevant à travers les interstices des charbons incandescents, va partager avec le carbone *en excès* au contact duquel il se rencontre l'oxygène qu'il contenait, suivant la relation à nous déjà bien connue :

$$CO^2 + C = 2\ CO,$$

et il se produit ainsi une double quantité d'oxyde de carbone, 2 CO. Ce gaz avide de recouvrer de l'oxygène pour redevenir acide carbonique, rencontrant l'oxyde de fer lui enlève son oxygène pour se l'approprier, et laisse à l'état isolé le métal qui va se carburer ensuite et se fondre. On voit que les transformations des gaz et la réaction principale par laquelle le métal est réduit sont ici identiques à celles qui se passent dans le creuset de la forge catalane.

L'oxyde de carbone, l'acide carbonique reproduit, un peu d'*hydrogène* (provenant de la vapeur d'eau décomposée par le charbon), enfin tout l'*azote* qui faisait partie de l'air injecté, s'élèvent à travers la charge. Ces gaz portés à une haute température échauffent la masse qu'ils traversent en lui cédant leur chaleur, puis ils se dégagent au gueulard. Ce mélange gazeux est *combustible*, à cause de l'oxyde de carbone et de l'hydrogène qu'il contient. Arrivé au contact de l'air il brûle, et forme au-dessus du gueulard une flamme blafarde et vacillante.

Le laitier. — Une réaction dont il faut bien comprendre l'importance, c'est la formation des laitiers. Obtenir un bon laitier, c'est l'affaire capitale du fondeur. Pourquoi donc, puisque le laitier est une matière de nulle valeur et de nul emploi ? C'est que de la réaction qui le forme dépendent celles qui produisent le métal. Le fondeur examine avec soin l'aspect et la quantité des laitiers, et c'est par là qu'il juge de la marche de son fourneau. La gangue des minerais contient, avons-nous dit, une forte proportion de *silice*. Celle-ci doit se transformer en *silicates*, matières vitreuses, fusibles, contenant la silice combinée avec des *bases*. Il est vrai que la cendre du combustible lui offre une certaine quantité de *potasse*, dont la silice peut s'emparer pour former un silicate de potasse. Mais cela ne suffit pas, tant s'en faut. Il faut que toute la silice trouve à se combiner ; ce sera aux dépens du fer, si on ne lui fournit autre chose. Le plus ordinairement c'est la *chaux* qui est destinée à entrer en combinaison avec la silice pour mettre le fer en liberté. Pour que cette combinaison s'effectue convenablement, et donne un laitier assez fusible et exempt de fer, il faut qu'il y ait *une proportion exacte* entre la chaux et la silice. Très-souvent la gangue elle-même contient de la chaux. Si elle en renferme la quantité suffisante, tout est bien ; et il n'y a rien à ajouter. Le plus ordinairement elle n'en contient pas assez ; et il devient nécessaire d'ajouter une proportion donnée de *chaux*. On mélange donc au minerai quelquefois de la chaux cuite, mais plus souvent encore de la *pierre calcaire*, laquelle porte, dans la langue des fondeurs, le nom de *castine*. Cette pierre à chaux (carbonate de chaux) se cuit dans la partie supérieure de la cuve, c'est-à-dire y perd son acide carbonique absolument comme dans un four, et la chaux demeure libre, prête à entrer en combinaison avec la silice.

Dans certains minerais, au contraire, il arrive que la gangue est elle-même trop *calcaire*; inconvénient inverse. Pour y remédier on mélangera au minerai une matière contenant beaucoup de *silice*, une sorte d'*argile* que les ouvriers nomment *erbue*. Ajouter suivant les circonstances et en proportions convenables l'un ou l'autre de ces deux fondants, la *castine* ou l'*erbue*, est le point capital de la direction d'un fourneau. Il est encore plus avantageux, quand du moins c'est possible, de faire un mélange en proportion convenable de minerais de provenance diverse, les uns à gangue *siliceuse*, les autres à gangue *calcaire*. La quantité de laitier produite est très-considérable; elle dépasse 6 ou 8 fois (en volume) celle de la fonte obtenue dans le même temps.

Telles sont, réduites aux grands traits, les réactions principales qui se passent dans le haut-fourneau. La fonte qui s'amasse dans le creuset est destinée, soit à être versée immédiatement dans les *moules*, ce qui constitue le *moule en première fusion*, applicable surtout aux grosses pièces; soit à être coulée sous forme de lourds lingots appelés *gueuses*, lesquelles plus tard seront ou *refondues*, ou transformées en fer, en acier.

La coulée. — La *coulée* a lieu à intervalles réguliers de 4, 6, 8, 10 heures, plus ou moins selon les dimensions et la marche de l'appareil. C'est surtout aux heures nocturnes que cette opération offre un spectacle pittoresque et presque effrayant.

Au pied du haut fourneau est construite la *halle* de la fonderie, haute et profonde, sombre, encom-

brée d'engins de formes fantastiques. Le sol bouleversé, remué sans cesse, est formé d'un sable noir
qui étouffe les pas. Çà et là des fosses creusées,
où des *moules*, à demi enterrés, attendent le métal; d'autres moules contenus dans les *châssis* de
fonte sont épars sur le sol dans un apparent désor-
dre. Ici des pièces d'une précédente coulée retirées
des moules, obscures, noires; mais très-chaudes
encore : prenez garde! Plus loin, toute une batterie d'effrayants et difformes chaudrons, pourvus de
longs manches de fer. D'énormes *grues* allongent
leurs grands bras au-dessus de vos têtes, dans
l'ombre où se perdent les charpentes. A droite, à
gauche, de toutes parts pendent de grosses chaînes,
des crochets de fer, des *palans*, des poulies; et des
câbles de fer tendus obliquement qui vont on ne
sait où... tout cela entrevu seulement dans la nuit;
car de rares et faibles lumières éparses n'arrivent
pas à dissiper les ténèbres. On voit comme des
ombres allant et venant parmi tous ces objets
étranges : ce sont les ouvriers qui achèvent à la
hâte de préparer les moules pour la *coulée*.

Au fond de la halle apparaît la muraille de construction massive qui sert de base au haut fourneau. Là, s'ouvre l'arcade voûtée, murée par la
tympe. En approchant, on entend le sourd ronflement des tuyères. Le laitier en fusion déborde par-
dessus la *dame* en un mince ruisselet de lave
ardente, trace comme un serpent de feu sur le
sable noir, et va s'éteindre dans une sorte de bassin
creusé dans le sol, où il se fige en une masse terne
et vitreuse. A la lueur rouge qu'il reflète on peut
voir les ouvriers se ranger à l'embrasure de l'arcade avec leurs longs ringards et leurs crochets de
fer, se disposant à faire la *percée*.

Voici le moment. Le vent des tuyères s'arrête; il
y a pour le spectateur un instant de silence et d'at-
tente. Avec sa longue barre de fer le fondeur atta-
que à coups redoublés le tampon d'argile qui obs-

truc le *trou de coulée,* et que la chaleur a durci comme une brique. A chaque coup qui pénètre plus profondément on voit rayonner du fond du trou une rougeur plus vive. La pointe a pénétré : déjà la fonte éblouissante se fait jour en un mince filet ; l'ouvrier, bravant la chaleur qu'elle rayonne, tourne et retourne encore le fer pour agrandir l'ouverture. Alors c'est comme un ruisseau, une cascade de flamme dont l'œil ne peut supporter l'éclat. Aux reflets ardents qu'elle projette, tout apparaît subitement et fantastiquement éclairé. La voûte de l'arcade semble rouge de feu comme une gueule de four. Les grues, les machines, les chaînes pendantes sortent tout à coup de la nuit avec de grandes lignes de lumière coupées d'ombres portées bizarres qu'elles se jettent l'une à l'autre.

Cependant le ruisselet de fonte incandescente, conduit par une étroite rigole, est reçu dans une sorte de chaudron. Ce chaudron, de capacité énorme, est en fer battu et garni à l'intérieur d'une épaisse couche d'argile réfractaire à l'action du feu, qui protège un peu ses parois contre l'effroyable chaleur. C'est ce que l'on nomme une *poche.* La poche est munie, en guise d'anses ou de manches, de deux longs bras de fer terminés par des bascules transversales. — Les ouvriers accrochent aux manches de la poche deux de ces énormes crochets de fer qui pendent au bout de grosses chaînes. La grue gémit, les engrenages roulent, les chaînes se tendent en grinçant. La poche est soulevée ; puis la grue tourne sur son pivot, et le brûlant fardeau voyage lentement, suspendu en l'air, jusqu'à ce qu'il arrive au-dessus du moule où doit être versé le contenu de la poche. S'il faut la transporter aux extrémités d'un vaste atelier, les grues, tournant et retournant, se la passeront l'une à l'autre, de crochets en crochets. Enfin, à l'aide des traverses qui terminent ses longs manches, les ouvriers inclinent doucement la poche : si la force

musculaire ne suffit pas, une chaîne, un crochet,
un treuil se trouvent toujours à portée pour lui
venir en aide, et faire basculer la poche sur ses
anses. La fonte coule alors dans le moule de sable
par des orifices en forme d'entonnoir que le mouleur a su ménager. Elle remplit graduellement le
vide du moule ; elle va déborder : la poche se redresse, et se transporte plus loin pour aller verser
dans d'autres moules le reste de son contenu. — Il
va sans dire que pendant tout ce temps une autre
poche, amenée sous le jet de fonte, s'est remplie à
son tour ; et ainsi de suite, jusqu'à ce que le creuset
du haut-fourneau soit entièrement *déchargé*. Souvent aussi, lorsqu'il s'agit de grosses pièces, les
moules ont été enterrés dans le sol à peu de distance du haut-fourneau ; la fonte liquide, au lieu
d'être puisée dans les poches, est alors conduite
directement au moule à l'aide d'une rigole ou gouttière de fer battu revêtue d'argile, suspendue aux
crochets des grues.

De toute part de petites flammes bleuâtres s'élèvent au-dessus des moules remplis ; c'est de l'oxyde
de carbone qui se dégage et vient brûler à la surface du sable. Mais tandis qu'on achève de verser
la fonte dans les moules, le creuset du haut-fourneau s'est vidé : le jet brûlant tarit. Les ouvriers
dégagent et agrandissent l'ouverture pour faire
écouler le reste des scories. On donne le vent :
soudain un jet de flamme furieux s'élance par
dessous la tympe et par le trou de coulée : l'ouvrier
s'abritant de son mieux derrière l'angle de l'embrasure, et protégeant son visage de son bras levé,
agite de l'autre main son ringard dans l'ouverture
pour *nettoyer* le creuset. Le jet de flamme qui
passe entre les spectateurs et les ouvriers semble
envelopper ceux-ci : aux reflets rouges qui les
éclairent, à leurs mouvements hâtés et pesants,
avec leurs longs ringards rougis à la pointe, on
croirait voir les diables cornus de la légende tison-

nant sous l'infernale chaudière... — Le vent s'arrête de nouveau ; la flamme tombe brusquement. Les fondeurs écartent les scories et obstruent le trou de coulée avec un tampon d'argile fortement bourré à coups de refouloirs (ringards sans pointe). La coulée est terminée ; le ronflement des tuyères recommence et le fourneau reprend sa marche.

Quand le haut-fourneau est destiné à produire non pas des pièces moulées *en première fusion*, mais de la fonte en *gueuses* (lingots), les choses se passent plus simplement. Plus de poches, de moules, de grues. Le sol de l'atelier, lui-même formé de sable, est convenablement dressé. On y trace une série de *rigoles* imitant la forme d'un vaste gril. Le jet de fonte amené par un canal en pente douce depuis le trou de coulée vient remplir ces rigoles ; le courant est d'abord dirigé vers les plus éloignées. En quelques instants le sol de la halle est transformé en un véritable gril de feu, rayonnant une effroyable chaleur. A mesure que la fonte commence à se solidifier on la recouvre en amassant le sable ; puis, lorsqu'elle est à peu près refroidie les ouvriers, du choc de lourdes masses de fer, brisent de distance en distance ces gros barreaux, et les tronçons ainsi détachés sont les lingots ou *gueuses* destinés à subir de nouvelles transformations.

Qualités des fontes au charbon de bois. — Reportons-nous pour un instant aux réactions qui viennent de transformer le minerai en fonte, afin de nous rendre compte de la qualité des produits. Il y a , avons-nous dit, certaines substances , en particulier le soufre, le phosphore, l'arsenic, qui ont une influence fâcheuse alors même qu'elles n'existent dans la fonte qu'en minime proportion. Or ces substances ont une grande tendance à s'unir au métal. Si donc le minerai ou la gangue contiennent une quantité notable de ces matières, la fonte en retiendra. Des minerais impurs produiront naturellement des fontes de qualité inférieure. Mais d'autre part, le minerai fût-il parfaitement pur et d'excellente qualité, si le combustible contient de ces substances nuisibles, elles passeront dans la fonte et en altèreront les propriétés.

Le charbon de bois et le bois lui-même ne contiennent presque aucune de ces matières : au point de vue métallurgique, le charbon de bois est un combustible très-pur. Il suit de là qu'un minerai de bonne qualité traité au charbon de bois fournira une fonte exempte de toute matière nuisible. La fonte du haut fourneau au charbon de bois (si du moins elle provient de minerais purs) ne contient en effet, en outre du fer et du carbone qui la constituent essentiellement, qu'une certaine quantité de *silicium*. Cette matière, analogue du reste au point de vue chimique au carbone lui-même, provient surtout de la *silice* qui fait partie de la gangue : à moins d'être en excès, elle n'a pas d'influence fâcheuse sur la nature des produits.

De là la pureté extrême, la qualité supérieure et la valeur commerciale plus élevée des *fontes au charbon de bois*. Il conviendra d'y recourir chaque fois qu'il sera besoin d'une fonte tenace et docile à la fois, d'une fonte très-douce et très-fine. Enfin comme le *fer* et l'*acier* obtenus par un travail ultérieur participent de la nature et des qualités des fontes dont ils proviennent, les produits du haut fourneau au charbon de bois devront être exclusivement employés à la fabrication des fers supérieurs et des aciers fins.

Toutefois en regard de la supériorité des produits, il convient de mettre le prix auquel ils sont obtenus. Le charbon de bois coûte cher — fort cher ; la fonte au charbon de bois aussi, par suite. Pour réduire un peu les frais on a imaginé de mêler au charbon du bois *en nature* ; cette pratique est avantageuse à certains égards ; pourtant l'allure du haut-fourneau devient moins régulière, et l'opé-

ration plus difficile à conduire. Il y a même des
fourneaux où l'on ne brûle que du bois desséché
ou un peu *torréfié*, non *carbonisé*. Mais là n'est
pas le nœud de la difficulté. Avec le combustible
végétal, bois ou charbon, non-seulement la dépense
est énorme, mais la production est forcément limitée par la rareté croissante du bois lui-même : car
ces gueules enflammées dévorent les forêts. En
Suède, par exemple, où les fourneaux marchent
ordinairement au charbon de bois, on ne peut en
établir plus d'un dans un rayon de plusieurs lieues;
à peine si, dans les districts les plus boisés, cette
étendue de terrain suffit à son entretien. En Angleterre les ravages deviennent tels au xvi° siècle,
qu'on ne trouvait plus de bois pour la construction
des vaisseaux. Un arrêt d'Elisabeth intervint,
restreignant dans des limites extrêmement rigou-
reuses la consommation du bois. C'était l'extinction
de presque tous les feux, la ruine, la misère : l'Angleterre tuait son industrie pour sauver ses forêts.
L'arrêt souleva des tempêtes. Mais quoi? les hauts-
fournaux n'allaient-ils pas s'éteindre d'eux-mêmes,
quand tout serait dévoré? Il était grand temps que
le génie industriel se sauvât lui-même en créant
le haut-fourneau au coke. — Depuis lors la plupart
des fonderies ont changé de régime. Le fourneau
au charbon de bois, le seul employé jusque vers 1620,
est aujourd'hui confiné en certaines régions, affecté
au traitement de minerais spéciaux, à la fabrication
de produits exceptionnels. Outre les hauts-fourneaux suédois qui ont conservé leurs allures tradi-
tionnelles, leurs moteurs hydrauliques, et qui produisent, grâce surtout à leurs minerais, des fers si
justement renommés pour la fabrication de l'acier,
il faut encore citer les hauts-fourneaux d'Aulincourt,
ceux de Combiers, ceux de Dalmatie et d'Illyrie.

Le haut-fourneau au coke. — L'idée d'alimenter
l'industrie des fers avec un combustible que la nature a mis à notre portée en provision pour ainsi

dire inépuisable et qu'on peut extraire à peu de frais, se présenta de bonne heure à tous les esprits, alors surtout que la pénurie des forêts en fit une question pressante. Les premiers essais échouèrent. Il y avait de graves difficultés à vaincre. Elles furent vaincues.

Toutes les houilles en effet renferment, et parfois en quantités considérables, des *pyrites* : c'est-à-dire des *sulfures*, c'est-à-dire du soufre. Ces pyrites sont disséminées en paillettes, en noyaux, en plaques minces dans la masse même de la houille. Si vous tentez de fondre du minerai de fer au charbon de terre, le soufre apporté avec le combustible passe en partie dans la fonte. La fonte *sulfureuse* au plus haut point est cassante, intraitable. D'autres matières nuisibles (notamment le phosphore) peuvent de même passer du combustible dans la fonte ; mais le soufre est ici le grand obstacle, l'ennemi qu'il faut expulser à tout prix.

Préparation du combustible. — Fours à coke. — Le meilleur moyen de se débarrasser du soufre contenu dans la houille consiste à convertir celle-ci en *coke :* opération toute semblable à celle qui réduit le bois en charbon. Fortement calcinée à la chaleur rouge, la houille se décompose et *distille,* c'est-à-dire que des matières *volatiles* s'en dégagent : des gaz identiques au gaz d'éclairage, des vapeurs goudronneuses, — le soufre enfin est expulsé. Il reste cette sorte de charbon poreux, spongieux, sec, dur, léger, brûlant sans flamme et que tout le monde connaît.

La consommation de combustible étant énorme, chaque fonderie a avantage à fabriquer elle-même son coke. Cette fabrication devient un accessoire indispensable de toute usine à fer marchant au combustible minéral. On peut calciner la houille en *meules*, en *tas*, par un procédé tout semblable à celui que l'on emploie dans les forêts pour la carbonisation du bois. Cette méthode imparfaite

est presque partout abandonnée. Dans toutes nos
grandes usines on fabrique le coke dans de vastes
fours de formes diverses.

Les plus simples ont la forme de *fours de bou-*

Foyer à coke belge perfectionné. Les deux compartiments de gauche vus en coupe pour montrer la disposition intérieure.

langer. Mais l'introduction et surtout le décharge-
ment du coke brûlant à l'aide de pelles et de râ-
teaux sont des opérations lentes et très-pénibles.
On a substitué presque partout à ces fours primitifs des appareils perfectionnés et construits sur
une grande échelle, réunis ordinairement par sé-

ries de 10, 15, 20, dans un même massif de construction. Un petit chemin de fer règne à la partie supérieure de la maçonnerie ; des *wagonnets* remplis de houille y circulent. Ils déversent leur contenu par une ouverture pratiquée à la voûte de chaque four et que l'on obstrue lorsque le chargement est achevé. La charge de l'un de ces fours va de deux à trois mille kilogrammes. Le charbon de terre s'enflamme au contact des parois, encore rouges de l'opération précédente. On laisse entrer, par d'étroits conduits percés vers la base du four, une petite quantité d'air qui alimente imparfaitement la combustion. Une certaine quantité de houille brûle ; et la chaleur produite sert à calciner le reste. Les gaz et les vapeurs se dégagent en abondance ; le soufre brûle en partie, en partie s'évapore. Gaz et vapeurs sont conduits au dehors, la presque totalité du *charbon* demeure sous forme de *coke*. Au bout de 4 ou 5 jours, lorsque le dégagement des gaz a cessé, l'opération est achevée : on bouche toute entrée à l'air, on laisse le coke s'étouffer et se durcir pendant quelques heures. Puis on procède au défournement. Cette opération se fait de diverses manières. Dans beaucoup de fours modernes deux portes, aussi larges que le four lui-même, et situées en face l'une de l'autre aux deux extrémités, sont ouvertes. Une vaste plaque de fonte occupant toute la largeur du four et assez haute pour atteindre à la voûte, est introduite par l'une des portes : poussée avec force par une machine à vapeur, elle refoule, comme un énorme râteau, la charge entière à la fois vers l'ouverture opposée, d'où la masse embrasée s'écroule au dehors. Les ouvriers dirigent alors sur le coke incandescent la *lance* d'une forte pompe à incendie. L'eau bouillonne, siffle ; un nuage de vapeur blanche s'élève en tourbillons, une odeur suffocante de soufre brûlé (acide sulfureux SO^2) se répand. En deux minutes une charge de coke de 3,000 kilos est éteinte.

Cet arrosage a de plus pour effet de faciliter le dé-gagement des vapeurs sulfureuses encore empri-sonnées dans le coke spongieux, et que la vapeur d'eau entraîne.

Quand on passe, la nuit, à quelque distance des grandes usines métallurgiques belges, on voit comme une rangée de pots de feu sur la masse noire des constructions, simulant je ne sais quelle illumination lugubre autour d'un gigantesque cata-falque. Ce sont les cheminées des fours à coke qui vomissent des flammes. Mais ces gaz qui se déga-gent de la houille et viennent brûler, en hauts pa-naches de flamme agités par le vent, au-dessus des foyers, c'est de la chaleur perdue. On construit aujourd'hui des fours qui permettent d'utiliser cette quantité considérable de chaleur. Les fours nommés *fours Appolt,* du nom de leur inventeur, consistent en vastes chambres partagées par des cloisons de brique en compartiments que l'on charge et décharge alternativement. Les gaz combustibles qui se dégagent de la houille sont conduits par des canaux convenablement agencés en des *foyers* où ils se déversent et brûlent, comme en un bec brûle le gaz d'éclairage. Ces puissants jets de flamme sont utilisés tout d'abord à chauffer le four même : il n'est plus besoin de brûler une partie du combustible pour calciner l'autre. Le rendement en coke est augmenté d'environ un dixième, économie considérable. Il est même pro-duit un excédant de chaleur que l'on emploie à chauffer les chaudières des puissantes machines à vapeur de l'usine, nouvelle et importante économie de combustible et d'argent.

Proportion des fondants pour la marche au coke. — Le combustible ainsi préparé n'est pas encore absolument exempt de soufre. Mais il est un moyen d'empêcher cette substance nuisible de passer dans la fonte au moment de la fusion au sein du haut-fourneau. Ce moyen consiste à employer

Hauts-fourneaux au coke avec appareils à air chaud et monte-charge mécanique.

un excès de chaux, en ajoutant une plus grande quantité de *castine*, ou en laissant prédominer la chaux d'une gangue très-calcaire par une moindre addition d'*erbue*. Le soufre se combinera avec la chaux et sera ainsi entraîné dans le laitier (à l'état de *sulfure de calcium*). — Procédé fort simple : mais voyons les conséquences.

Il importe, disions-nous ci-dessus, qu'il existe une certaine proportion entre la silice de la gangue et la chaux, pour former le laitier. Si on force la proportion en ajoutant un excédant de calcaire, le laitier devient beaucoup moins fusible. Et comme il faut pourtant arriver à le fondre, il sera nécessaire d'atteindre à une chaleur plus violente encore. Pour obtenir une même quantité de fonte de qualité à peu près semblable, il faut brûler, dans ces conditions, *deux fois plus* de coke qu'on ne brûle de charbon de bois ; il faut animer le fourneau par une quantité d'air beaucoup plus grande, lancée avec une plus grande force. Ainsi fut-on conduit à donner au haut-fourneau au coke des dimensions plus considérables encore qu'à l'ancien fourneau alimenté au charbon de bois. Le haut-fourneau au coke est le géant de l'industrie métallurgique. Sa tour énorme s'élève jusqu'à 20, 25, 28 mètres ; sa capacité va jusqu'à 1000 et 1200 mètres cubes. Il en est où viennent s'engouffrer en 24 heures 400,000 kilog. de combustible, 120,000 de minerai, 100,000 de fondant, et qui déversent de leurs vastes creusets 60,000 kil. de fonte et 5 ou 6 fois plus de laitier. — De vrais volcans ! Les machines soufflantes, les engins divers au service de ces fournaises *cyclopéennes* sont, bien entendu, en proportion. Telle soufflerie exige pour être mise en mouvement la force d'une machine à vapeur de 100 chevaux, ou plus encore. Cependant, aux dimensions près, la construction du haut-fourneau demeure en somme la même ; la préparation des minerais, leur mélange, la mise en train, le chargement et la conduite du feu diffèrent peu. La *coulée*, qu'elle soit dirigée dans des moules ou conduite dans les rigoles pour fournir les *gueuses* destinées à être transformées en fer, se fait aussi de la même manière. Agrandissez seulement par l'imagination toutes les proportions; triplez, quadruplez la force et les dimensions des appareils, des accessoires divers; vous suppléerez sans peine à une description qu'il serait inutile de recommencer sur des données toutes semblables.

Accidents des hauts-fourneaux. — Le loup. — Le haut-fourneau au coke est plus difficile à conduire que le haut-fourneau au charbon de bois. L'un et l'autre du reste sont sujets à certains accidents qui ont pour moindre conséquence une perte de combustible ou une interruption de travail. Il est quelquefois survenu par des causes encore incomplétement élucidées, de terribles explosions, déchirant avec violence les murailles de la cuve, projetant au loin le combustible enflammé et la fonte liquide. De telles catastrophes sont heureusement très-rares. Des accidents très-communs, au contraire, sont les *chutes* et les *engorgements*. Lorsque la charge ne descend pas avec régularité dans les *étalages*, il se forme parfois des masses agglomérées qui font voûte pour ainsi dire, et soutiennent le contenu de la cuve, tandis qu'un vide se creuse au-dessous par l'effet de la combustion. Un moment vient où cette voûte, minée en dessous par la flamme, s'écroule avec fracas, encombre l'*ouvrage*, entraînant dans la débâcle le combustible et le minerai situés au-dessus, souvent même une partie du revêtement intérieur de la cuve. Il faut en certains cas plusieurs jours pour que le fourneau dérangé de son allure retrouve sa marche régulière. Une semblable cause fait souvent naître des *engorgements*. Du minerai à demi réduit s'agglomère dans l'ouvrage, et forme une masse compacte trop peu carburée pour se fondre, qui grossit comme un champignon, et que nous ne pouvons mieux comparer qu'au *massé* d'une forge catalane en voie de formation. — C'est ce qu'on appelle un *loup*. On cherche alors, par un coup de feu vif et prolongé, à dissoudre et fondre graduellement la masse. Mais on n'y réussit pas toujours : parfois, malgré tous les efforts, le loup, au lieu de se fondre, s'accroit et s'endurcit de plus en plus. Il n'est pas rare qu'on soit obligé de suspendre tout travail, d'éteindre le feu et de vider complétement le fourneau. On voit alors le malencontreux loup tellement engagé dans l'ouvrage, qu'il est impossible de l'enlever en bloc. Il faut « l'*exterminer* » sur place, à coups de masses et de tranches, le mettre en pièces et l'arracher par morceaux : ce qui n'est pas facile, car « *le loup a la vie dure !* » Il peut même arriver qu'on soit obligé de démolir la muraille du fourneau pour l'extraire par la brèche. Autrefois le monstre, cause de tant de maux, chargé de toutes les exécrations et moralement responsable de toutes les malédictions énergiques prononcées à son occasion, était nuitamment et mystérieusement enterré dans quelque endroit écarté des terrains vagues de l'usine. Aujourd'hui, tout prosaïquement, on le brise en morceaux qu'on renvoie à la fonte

Perfectionnements apportés au haut-fourneau. — *L'air chaud.* — Nous avons décrit le haut-fourneau dans toute sa simplicité première. Il nous reste à dire quelques mots de deux ou trois perfectionnements importants introduits par l'industrie contemporaine : ces perfectionnements, du reste, également applicables au *haut-fourneau au bois* et au *haut-fourneau au coke.*

La plus remarquable de ces modifications consiste à lancer sur le combustible non plus de l'air froid, mais de l'air chaud, de l'air porté à une haute température (de 180° à 300°, quelquefois 500°). La combustion est ainsi rendue plus active aux environs des tuyères, la chaleur plus intense. C'est au point que les tuyères elles-mêmes fondraient si on ne les refroidissait continuellement. A cet effet la tuyère est formée par une double enveloppe de fer, et entre ces parois circule un courant d'eau froide [1]. En même temps qu'une température plus élevée, une économie considérable se trouve réalisée. Cette économie due à l'emploi de l'air chaud s'élève jusqu'au *tiers* pour un haut-fourneau au charbon de bois; avec le coke, elle n'est pas moindre. A l'air froid, il faut brûler 8 tonnes de coke pour une tonne de fonte produite; à l'air chaud, la consommation de combustible se réduit à 5 tonnes. Pour obtenir de la fonte grise le vent doit être plus chaud que pour la fonte blanche. On a, il est vrai, éprouvé quelques difficultés à régulariser la marche avec l'air chaud; mais ces difficultés ont été vaincues, et maintenant l'air chaud est employé presque partout. Cependant pour les meilleures *fontes au bois* destinées à la fabrication de fers de qualité supérieure on a maintenu l'emploi de l'air froid.

Les appareils *à chauffer l'air* sont de formes très-diverses, quoique presque tous construits sur le même principe. Ils consistent, en définitive, en un long parcours de tuyaux de gros calibre, un grand nombre de fois repliés sur eux-mêmes pour pouvoir se loger dans la capacité limitée d'un four. Le vent lancé par la machine soufflante, avant d'affluer aux tuyères, doit circuler à l'intérieur de ces conduits chauffés extérieurement. Il leur prend de la chaleur pendant son parcours; et sorti froid de la soufflerie il arrive brûlant au fourneau. Le four qui contient les tuyaux est chauffé, soit par un foyer particulier, soit, comme nous le verrons bientôt, par la *chaleur perdue* du haut-fourneau lui-même.

Utilisation des gaz du haut-fourneau. — Quand on visite certains districts miniers de l'Angleterre,

1. Cette disposition est représentée page 123, appliquée aux tuyères d'un *feu d'affinage*.

on est frappé de l'insouciance avec laquelle on pro-
digue le précieux combustible. Là vous voyez le
soir encore, comme au siècle dernier, flamboyer
au loin les gueules des hauts-fourneaux, projetant
autour d'elles des lueurs rouges vacillantes. La
houille abonde; elle est à vil prix. On dédaigne
de la ménager; et pourtant.... — Car enfin, ces
flammes que le vent balaie, c'est de la chaleur perdue; et de la chaleur perdue, c'est de la force, du
mouvement, de la *valeur* qui se dissipe dans l'air.
Depuis longtemps on a songé à tirer parti de cette
chaleur perdue, pour obtenir par ailleurs une économie de combustible. La plupart des usines sont
maintenant pourvues d'appareils propres à réaliser
cette économie, que la concurrence, du reste, leur
impose.

La chaleur des hauts-fourneaux peut être utilisée
de diverses manières. On a quelquefois installé directement sur le gueulard la chaudière de la machine qui fait mouvoir la soufflerie; de la sorte le
vent était fourni aux tuyères sans nouvelle dépense
de combustible. Ailleurs on a employé cette chaleur du gueulard à *chauffer le vent* destiné à alimenter la combustion, en disposant, au gueulard
même, dans la flamme qui s'en élève, les tuyaux à
travers lesquels l'air circule. Ces dispositions très-
simples sont assez incommodes dans la pratique.
D'ordinaire on procède autrement.

Les flammes du gueulard sont, avons-nous dit,
produites par des gaz combustibles qui se dégagent
du fourneau et viennent brûler au contact de l'air.
Au lieu de laisser les gaz se dégager librement on
peut les recueillir en leur offrant une issue, soit
par de gros tuyaux de tôle s'ouvrant au-dessus de
la charge dans l'intérieur du fourneau à la hauteur
de la plate-forme, soit par des canaux pratiqués
dans la construction même vers le haut de la
cuve. De là, les gaz recueillis seront conduits —
absolument comme on ferait pour du gaz d'écla-

rage, — là où on voudra les brûler pour utiliser la
chaleur que leur combustion peut produire. Aux
larges orifices par lesquels ils sortent enfin ils forment, lorsqu'on les allume, de gros jets de flamme
semblables à d'énormes becs de gaz, très-peu éclai-
rants, il est vrai, mais dégageant une chaleur intense. Ces jets de
flamme peuvent
être dirigés sous
les vastes flancs
des chaudières de
la machine qui
meut la soufffle-
rie ; souvent ils
sont conduits au
four où l'on *gril-
le* le minerai et
suppléent ainsi à
l'importante dé-
pense de combus-
tible qu'exigeait
le grillage. Enfin,
amenés par des
conduits en un
four convenable-
ment disposé, ils
peuvent servir à
chauffer, ainsi
que nous l'a-
vons indiqué, les

Prise de gaz à la partie supérieure de la
cuve des hauts-fourneaux. — *o, o, o*, ouverture ; — CC, conduits ; — T, tuyaux de
dégagement.

tuyaux par lesquels l'air circule avant d'arriver
sur le combustible : application d'une importance
capitale. Les gaz produits sont en si grande abondance qu'ils peuvent suffire à la fois à plusieurs de
ces emplois divers.

Si l'on tient à utiliser tout ce qu'il s'en dégage, il
devient nécessaire de clore le gueulard. On le ferme
alors avec un large couvercle. — Mais comme il
faut bien laisser un passage pour introduire dans

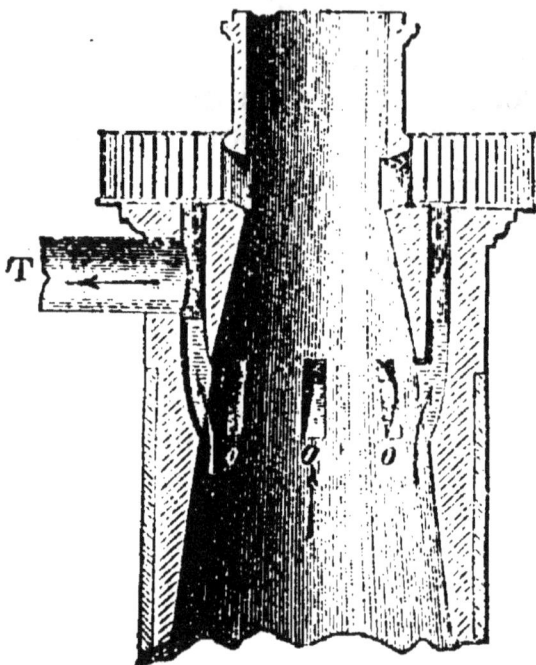

le fourneau le minerai et le combustible, une sorte
de trappe de forme conique, ingénieusement dis-
posée, est pratiquée au centre du couvercle, creusé
lui-même en forme d'entonnoir. Chaque charge de
combustible ou de minerai est versée sur la trappe
même. Le poids fait fléchir celle-ci ; elle enfonce, la
charge s'écroule dans le fourneau. Alors la trappe
soulagée de son far-
deau et rappelée par
l'action d'un lourd
contre-poids re-
monte et ferme de
nouveau l'ouvertu-
re. Il n'est ainsi
perdu qu'une quan-
tité insignifiante de
gaz, et tout le reste
demeure,   source
importante de cha-
leur, à la disposi-
tion de l'industrie.

*Propriétés des
fontes au coke.* —
Malgré la transfor-
mation de la houille
en coke une certai-
ne quantité de sou-
fre reste dans le

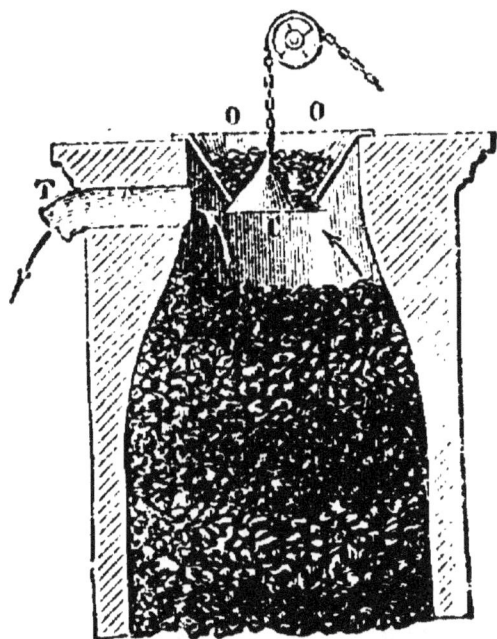

Trappe conique. — O, O, entonnoir ; —
C, trappe ; — T, tuyaux.

combustible ; malgré l'action de la chaux employée
en excès, en dépit de toutes les précautions, un peu
de ce malheureux soufre trouve encore le moyen
de s'introduire dans la fonte. De plus, en vertu de
la température plus élevée qu'il a fallu produire,
le métal prend une dose trop forte de silicium. Voilà
pourquoi les fontes au coke, toujours un peu sulfureuses, ne valent pas la fonte au bois, ni pour le
moulage, ni pour la fabrication du fer. Du moins
on ne peut approcher de la qualité des fontes au
bois qu'avec des houilles et des minerais d'une pu-

reté exceptionnelle. Aussi les fontes au coke, inférieures surtout à l'égard de certains emplois, sont-elles cotées à un moindre prix. Mais pour la plupart des usages auxquels elles conviennent parfaitement, ce moindre prix même et plus encore leur production illimitée constituent, en revanche, des avantages inappréciables.

Moulage en seconde fusion.

Préparation des moules. — Pour réunir sous un même coup d'œil tout ce qui tient à l'emploi du métal à l'état de *fonte*, il nous reste à décrire sommairement le *moulage en seconde fusion*, — et, à cette occasion, les procédés du moulage lui-même auxquels nous n'avons pas voulu nous arrêter précédemment pour ne pas interrompre la suite naturelle des idées.

Le moulage en seconde fusion est surtout applicable au coulage des pièces délicates, de forme compliquée, telles que celles qui font partie des machines à vapeur (*châssis, cylindres, plaques de fondation,* etc., etc.); tandis que les pièces grossières et d'un fort volume sont coulées, pour plus de simplicité et d'économie, avec la fonte qui sort du creuset du haut-fourneau.

Les pièces demandées à une fonderie ont dû tout d'abord être dessinées sur des *épures* soigneusement *réperées;* puis, à l'aide de ces épures et de *gabarits* convenables, les *modeleurs* construisent des *modèles* en bois reproduisant exactement la forme des objets à fabriquer, et leurs dimensions, sauf une légère augmentation destinée à compenser le *retrait* (diminution de volume) que subit la pièce par le refroidissement. Le modèle fabriqué sert à former le *moule.*

A cet effet le mouleur dispose une sorte de cadre ou de caisse de fonte appelée *châssis,* de dimensions proportionnées à la pièce; il y comprime fortement

à l'aide d'un pilon de bois, une certaine quantité
de cette fine poussière noire, susceptible de prendre
par la pression une certaine consistance, et qu'on
nomme le *sable* du fondeur. Ce sable est argileux,
à grains très-fins, broyé et tamisé, et mêlé à une
petite quantité de *houille* pulvérisée. Le modèle
est couché sur cette première assise de sable ; puis
on tasse très-fortement autour de lui de nouveau

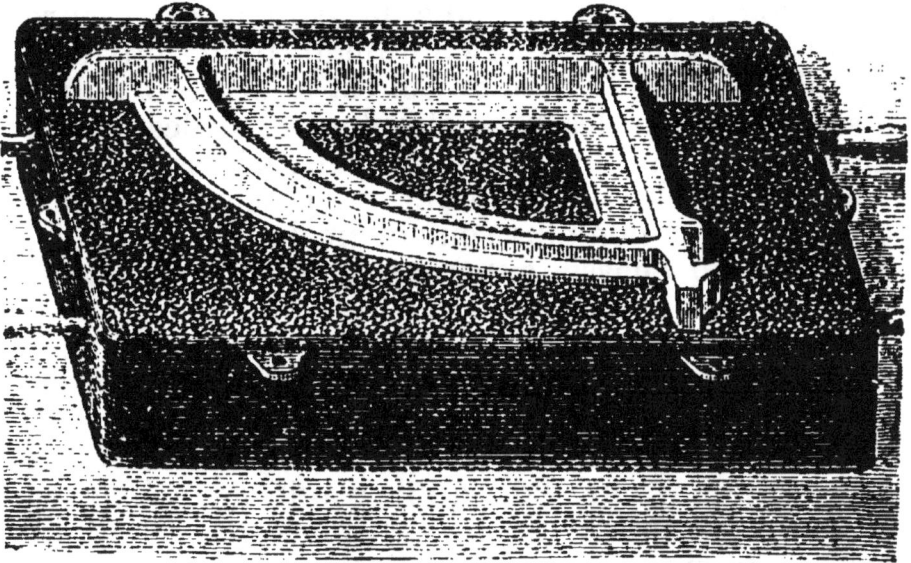

Modèle posé dans le châssis inférieur et à demi enseveli dans le sable.

sable, de manière à l'ensevelir graduellement jusqu'à moitié de son épaisseur (plus ou moins, suivant sa forme). On dresse alors à la hauteur des
bords du châssis la surface du sable, au-dessus de
laquelle une partie du modèle fait encore saillie.
Cela fait, on pose sur le premier un second châssis
sans fond ; on répand sur la surface du sable un
peu de poussière très-sèche pour empêcher l'adhérence ; puis on achève d'enterrer le modèle dans le
sable tassé jusqu'à ce que le second châssis soit
complétement rempli. Alors on enlève, sans secousse, au moyen d'une grue, le châssis supérieur ;

le sable qu'il contient, faisant corps par la pression
subie, s'enlève tout d'une pièce avec le châssis, se
séparant nettement du modèle et de la couche inférieure de sable. Le modèle alors est enlevé avec
précaution; puis le châssis supérieur est redes-
cendu et remis en place. Un vide correspondant
exactement à la forme du modèle demeure ainsi au
sein de la masse de sable. Une ouverture en forme
d'entonnoir, pratiquée dans la couche supérieure
de sable, livrera passage au métal fluide qui doit
remplir le vide du moule. Tel est le procédé réduit
à ses conditions les plus simples; pour des pièces
de forme compliquée il est souvent nécessaire d'a-
voir un modèle se démontant en plusieurs parties,
et d'employer non plus seulement deux, mais trois,
quatre, cinq châssis superposés, ou même davantage.

Quand la pièce fondue doit avoir des parties
creuses profondes dont le sable ne pourrait garder
l'empreinte, on prépare à l'avance des *noyaux*
d'une terre plus ferme, auxquels on donne le relief
correspondant au vide qu'il s'agit de ménager;
ces noyaux sont ensuite mis en place dans le moule,
lorsque le modèle en a été extrait.

Les moules ainsi préparés ont souvent besoin
d'être desséchés. De vaste *étuves* modérément
chauffées, sont disposées à cet effet. Les moules,
malgré leur poids énorme et leurs fortes dimensions, y sont transportés par des grues puissantes, ou par de petits wagons roulant sur des
rails : on les en retire de même après leur complet
desséchement. Cette opération achevée le moule est
prêt à recevoir la fonte provenant directement du
creuset du haut-fourneau ou refondue dans des appareils spéciaux.

Le cubilot. — Le fourneau destiné à refondre le
métal porte le nom de *cubilot*. C'est, quant à la
forme, un haut-fourneau en miniature; seulement
sa cuve est à peu près cylindrique. Comme il ne

s'agit pas de transformer des masses volumineuses
de minerai, mais simplement de fondre du métal,
il n'est pas besoin d'une vaste capacité. Un cubilot
a d'ordinaire de 3 à 6 mètres de hauteur, parfois

Cubilot, aspect extérieur et coupe. — O, cuve. — T, orifice où s'introduit la tuyère. — D, fond du creuset. — C, orifice de coulée
avec sa gouttière. — A gauche du cubilot est représentée une
petite poche à main.

moins. Son diamètre intérieur va de 1 à 2 mètres.
On le charge, suivant les circonstances, soit de
charbon de bois, soit de houille de bonne qualité.
Ses parois, consolidées par une épaisse enveloppe
de plaques de fer, sont formées soit de briques ré-

fractaires, soit de sable de fondeur fortement tassé
que la chaleur contracte et vitrifie à la surface. Le
cubilot reçoit des *gueuses* provenant d'une première
fusion. Pour refondre 1,000 k. de métal on brûle
150 à 180 k. de bon coke; la fonte elle-même subira dans cette opération un *déchet* de 6 à 9 0/0.
Une machine soufflante anime le foyer; le vent,
froid ou chaud suivant le cas, mais toujours à
moindre *pression* que pour un haut-fourneau, arrive par une ou plusieurs tuyères; une chaleur
comparable à celle qui se produit dans l'*ouvrage*
du haut-fourneau résulte de la combustion ainsi
activée. La fonte devient liquide, ruisselle à travers
le combustible ardent, et s'amasse au fond du
creuset. Quand elle s'est accumulée en quantité
assez considérable, on procède à la *coulée*.

L'opération de la coulée diffère peu de celle que
nous avons eu l'occasion de décrire en parlant du
haut-fourneau. Le jet incandescent est reçu dans
des *poches* de dimensions diverses, ou conduit
directement au moule par une rigole de fer en-
duite intérieurement soit de chaux, soit d'argile.
Lorsqu'il s'agit de fondre de très-grosses pièces, on
réunit dans une même poche d'énorme capacité le
contenu des creusets de plusieurs cubilots. — Les
pièces fondues étant suffisamment refroidies sont
dégagées et retirées des moules; puis on gratte
avec un outil d'acier le sable qui est resté adhérent
à leur surface.

Trempe de la fonte. Coulage en coquille. —
Nous avons fait observer précédemment que les
propriétés d'une fonte dépendent beaucoup du
mode de refroidissement. Ainsi une bonne fonte
grise, si elle est refroidie rapidement, blanchit plus
ou moins et perd de sa ténacité, mais acquiert en
compensation de la dureté, propriété caractéristique
de la fonte blanche. Si donc nous voulons donner
de la dureté à une pièce de fonte, il nous suffira de
refroidir rapidement, de quelque manière que ce

soit, la pièce déjà coulée. Cela s'appelle : *tremper la fonte.* Mais il est des pièces qui, en certaines parties, ont besoin d'une dureté très-grande, tandis que pour le reste il importe de leur conserver surtout la ténacité. — Soit, par exemple, un cylindre destiné à broyer des matières fort dures. Il doit être, dans sa masse, très-résistant pour ne pas se briser sous l'effort ; mais il est avantageux que sa surface soit aussi dure que possible. En un mot il faudrait que la masse intérieure eût les propriétés de la fonte grise, la surface celle de la fonte blanche. Or cela est possible à réaliser ; on y arrive par le procédé dit *coulage en coquille.*

Imaginez un moule dont la capacité creuse ait ses parois formées de sable en certaines parties, en d'autres, constituées par d'épaisses plaques de fer. Le métal fondu est versé dans le moule. La fonte se refroidit plus vite au contact du fer (bon conducteur) que sous ce sable étouffant qui emprisonne la chaleur. La partie de la pièce en contact avec le fer se trouve ainsi *trempée* ; elle *blanchit* jusqu'à une certaine profondeur. La surface sera dure en cette partie ; tandis que la masse intérieure, l'âme de la pièce, comme disent les fondeurs, aura conservé une texture qui lui assure de la solidité, de la résistance. Les pièces de métal destinées à produire cet effet de *trempe* partielle portent le nom de *coquilles.* Ainsi, pour tremper le cylindre broyeur pris tout à l'heure pour exemple, la coquille aura la forme d'un épais *manchon* de fer constituant la paroi courbe de la cavité du moule ; les autres parois étant formées de sable.

Le moulage en seconde fusion a surtout cet avantage qu'il permet d'assortir des fontes diverses de provenance et de propriétés en proportions déterminées, de manière à obtenir de ce mélange une fonte de composition et de qualité prévues. Remarquons cependant que le plus souvent l'opération de la fusion au cubilot, par une réaction chi-

Moulage en seconde fusion. Coulée. Vue de la halle de travail.

mique sur laquelle nous aurons à revenir, fait
perdre à la fonte une partie de son carbone. On
doit donc réserver pour les moulages en seconde
fusion des fontes *très-carburées* (très-riches en carbone) afin qu'après avoir perdu une partie de ce
carbone il leur en reste encore une proportion suffisante. Disons enfin qu'on refond aussi au cubilot
de vieilles pièces de fonte brisées dont le métal se
trouve ainsi rentrer dans la fabrication.

Le four à réverbère. — Lorsqu'il s'agit d'obtenir
à la fois une grande quantité de métal fondu pour
le coulage de très-grosses pièces, au lieu et place
des cubilots on fait souvent usage d'un *four de
fusion* de vastes dimensions, désigné sous le nom
de four à réverbère. Ce four a quelque analogie de
forme avec le *four à puddler*, dont nous donnons
ci-après une figure (page 126). Le combustible est
brûlé sur une grille, et sa flamme seule, rabattue par
une voûte surbaissée, vient lécher les *gueuses* de
fonte disposées sur la sole du four. Mais dans le four
à réverbère la *sole*, au lieu d'être plate comme celle
du *four à puddler*, est creuse, et forme une vaste
poche servant de creuset. Les gueuses entourées de
flammes et soumises à une extrême chaleur rougissent à blanc, fondent, et le métal fluide s'a-
masse au fond de la cavité. La coulée se fait de
même que pour le cubilot ; une ouverture latérale
pratiquée au niveau du fond de la cavité est obstruée,
pendant la fusion, par un tampon d'argile. On fait
la *percée ;* le jet fluide et ardent est reçu dans les
poches. Un *fourneau à réverbère* ainsi construit
permet de refondre et de couler en une seule opération jusqu'à 3,000 et 4,000 k. de fonte ; mais la
mise en train est longue, la dépense de combustible plus grande qu'au cubilot [1], et le déchet sur
le métal un peu plus considérable [2].

---

1. De 400 à 500 pour 1000 de fonte. — 2. De 10 à 12 0/0.

Affinage de la fonte.

Théorie chimique de l'affinage. — La fonte étant essentiellement composée de fer et de carbone, transformer de la fonte en fer proprement dit, c'est donc *lui enlever son carbone.* Tel est le principe de l'opération qui porte le nom d'*affinage.*

La théorie chimique de l'affinage de la fonte est très-simple. Elle repose tout entière sur cette loi générale que vous avez trouvée très-simple elle-même et toute naturelle : quand une substance se rencontre (dans les circonstances convenables) en face de plusieurs matières avec lesquelles elle peut s'unir, cette substance se combinera tout d'abord avec celles des matières présentes pour laquelle elle a plus d'*affinité.* En un mot, et pour user de métaphore, elle *choisit* celle qui a ses préférences, laissant pour le moment les autres de côté. Soit par exemple l'oxygène rencontrant à haute température, un mélange de plusieurs matières toutes combustibles, mais inégalement : l'oxygène se précipitera d'abord sur les substances les plus facilement combustibles, c'est-à-dire celles qui ont plus d'attraction pour lui. Celles-là brûlées, s'il reste de l'oxygène, les autres brûleront à leur tour, avec moins de vivacité.

Eh bien, imaginez une certaine quantité de fonte *pure,* fer et carbone, F + C, maintenue en fusion par une excessive chaleur. A cette température, le fer a une forte tendance à s'unir à l'oxygène ; mais le charbon, lui, a pour celui-ci une avidité beaucoup plus grande encore. Si donc nous lançons sur notre métal en fusion un rapide jet d'air apportant de l'oxygène en abondance, qu'arrivera-t-il ? Que le carbone, C, plus avide d'oxygène, brûlera le premier. Il se formera de l'oxyde de carbone C O, lequel s'envolera, étant gazeux. Tant qu'il y aura du carbone dans le métal, c'est lui qui s'emparera de

8

tout l'oxygène ; l'oxygène ne touchera pas au fer. Une fois tout le carbone brûlé, si l'opération continue, alors, seulement alors, le fer s'*oxydera* à son tour. Arrêtons l'action au moment précis où tout le carbone a disparu : reste le fer pur et net.

En réalité les choses ne se passent pas tout à fait aussi simplement. La fonte, nous en avons souvenir, n'est pas exclusivement composée de fer et de carbone. Elle contient toujours, accessoirement, du silicium ; presque toujours des *traces* au moins de soufre, de phosphore, de manganèse : toutes matières qui ne doivent pas demeurer dans le fer. Or, ces substances sont ici, par rapport au fer, dans le même cas que le carbone lui-même, c'est-à-dire qu'elles ont les préférences de l'oxygène. Elles sont plus *oxydables* que le fer. Elles brûleront donc aussi tout d'abord, avant que le fer soit attaqué. La même opération qui nous débarrasse du carbone les *éliminera* (les enlèvera) en même temps.

Distinction des deux méthodes d'affinage. — En principe donc l'opération de l'affinage est tout entière en ceci : lancer sur de la fonte rendue fluide par la chaleur un jet d'air rapide qui brûle le plus complétement possible le carbone et les autres matières plus oxydables que le fer ; s'arrêter à temps, avant que le fer s'oxyde à son tour. Mais si l'affinage est simple en théorie, dans la pratique on rencontre des difficultés. Les procédés de détail varient ; il y a plusieurs *méthodes*. En somme, toutes ces méthodes peuvent se ramener à deux : la *méthode ancienne* par laquelle on agit sur de petites quantités à l'aide d'appareils très-simples ; la *méthode moderne* qui met en œuvre des appareils plus compliqués pour agir sur de grandes masses à la fois. La première, usitée exclusivement jusqu'au commencement de ce siècle, est dite méthode d'affinage *au petit foyer.* — On dit aussi, suivant les lieux, méthode comtoise, méthode champenoise, bourguignonne, galloise, allemande, feu d'affinage bohémien, suédois... En définitive il n'y a là que des variantes d'un seul et même procédé. Nous décrirons le *foyer comtois* comme le type classique, le plus parfait du reste : il suffira d'indiquer en quoi les autres diffèrent.

Affinage au petit foyer.

La forge comtoise. — Ce qui caractérise la méthode du *petit foyer*, c'est qu'elle brûle exclusivement du charbon de bois (ou du bois) dans son creuset de faibles dimensions, où le métal se trouve en contact direct avec le combustible. Un foyer d'affinage diffère peu d'une *forge catalane*. Le foyer comtois a la forme d'un creuset à quatre pans, intérieurement revêtu d'épaisses plaques de fer. Un soufflet ou plutôt deux soufflets accouplés agissant alternativement et mus par une chute d'eau fournissent le vent à une tuyère inclinée qui lance l'air vers le fond de la cavité. La plaque qui livre passage à la tuyère est appelée la *varme ;* la paroi opposée est le *contrevent.* Celles des parois latérales qui portent une ouverture pour l'écoulement des scories est le *chio ;* l'autre le *rétanque.* Enfin le fond du creuset est dallé d'une plaque épaisse nommée la *sole.*

Marche de l'opération. — Le foyer étant haut comblé de charbon, les gueuses de fonte à affiner sont posées près du contrevent, dans le tas de charbon. On donne le vent. La masse s'embrase; les gueuses rougissent. Ensevelies dans le combustible ardent, elles se ramollissent, puis fondent. Le métal fondu ruisselle en gouttelettes entre les charbons, traversant ainsi le vent de la tuyère : il s'amasse au fond du creuset, où le jet d'air oblique, *plongeant,* comme on dit, frappe encore sa surface. La fonte incandescente, fluide, subit ainsi l'action de l'oxygène que la tuyère lui envoie en abondance. Sous l'influence du courant oxygéné, le carbone contenu dans la fonte brûle et passe à l'état d'oxyde de carbone. Le silicium, lui aussi, brûle et forme cet *oxyde de silicium* qui est la *silice*. Mais cette silice une fois formée rencontre autour d'elle des substances auxq'' les elle peut s'unir. Elle se combine d'une part avec diverses matières (potasse,

Coupe d'un foyer d'affinage.

chaux, etc.), que contient le combustible, et qui se retrouvent dans les cendres ; d'autre part elle s'unit à une certaine quantité de fer qui a pu s'oxyder. Il se forme ainsi des *silicates* (silicates de potasse, de chaux, de fer) fusibles, c'est-à-dire un véritable *laitier*. Ce laitier est en petite quantité ; on le fera couler de temps en temps par le trou du *chio*. En même temps, sous le vent forcé de la tuyère, le phosphore, le soufre, le manganèse de la fonte brûlent en grande partie et passent aussi dans la scorie.

Tandis que la fonte ainsi s'épure, le forgeron jette à plusieurs reprises dans le foyer des déchets de forge recueillis autour des enclumes, et qui jaillissent sous le choc du marteau. Ces déchets sont de l'*oxyde de fer*. C'est donc encore, sous une autre forme, de l'oxygène qui est ainsi apporté au métal incandescent. Pour favoriser l'action, l'ouvrier, bravant la chaleur intense que rayonne le foyer, *brasse*, c'est-à-dire remue le métal avec son ringard.

Mais à mesure que le métal perd le carbone qui le rendait fusible, il perd aussi de sa fluidité ; il devient de plus en plus pâteux, grumeleux. La masse, remuée par le ringard, tout imprégnée de scories en fusion, prend un aspect que les ouvriers comparent à celui d'une tête de chou-fleur. Le combustible s'est affaissé. Alors commence une nouvelle phase de l'opération. On augmente la force du vent pour donner un *coup de feu* plus intense. Écartant un peu les charbons et soulevant avec effort, à l'aide de leurs ringards, la masse éblouissante qui souvent se brise en morceaux, les ouvriers la présentent au vent de la tuyère, la tournant et retournant sous le jet d'air rapide. Les scories coulent, les étincelles jaillissent. Cette opération qui porte le nom de *soulèvement* a pour but d'achever l'oxydation du carbone et du silicium. Laissant alors retomber au fond du foyer les morceaux de la masse affinée, le forgeron les rassemble, les soude, les roule au fond du creuset autour de son ringard pour en former une loupe toute semblable au *massé* de la forge catalane : cela s'appelle *avaler la loupe* (la pousser en *aval*, vers le fond). La loupe avalée est retirée du foyer toute *suante* de chaleur ; on la laisse se *rafraîchir* quelques instants avant de la porter sous le marteau.

Le reste du travail est encore plus analogue à celui
que l'on fait subir au métal directement obtenu
dans le foyer catalan.

Cinglage de la loupe. — Les anciens *feux comtois*
étaient munis d'un marteau absolument semblable
à celui que nous avons décrit. Aujourd'hui on emploie de préférence un marteau autrement disposé,
connu sous le nom de *marteau frontal*. Celui-ci
diffère du marteau catalan en ce qu'il est soulevé non

Marteau frontal.

plus par la queue, mais par la tête, *de front*. Le
corps du marteau, ainsi que le bâti qui le supporte,
la masse de l'enclume sont en fonte; la tête qui cho-
que le fer, la surface de l'enclume qui supporte le
contre-coup du choc ont été durcies par la trempe en
coquille. Le marteau est mis en mouvement par une
roue hydraulique ou une machine à vapeur. L'arbre (essieu) qui porte les cames est situé en face de
la tête. Les cames en tournant, rencontrent le *front*
saillant du marteau; elles le soulèvent, puis continuant leur mouvement, elles se dégagent, et le laissent retomber de tout son poids. Le marteau frontal
pèse, suivant les cas, de 300 à 800 kilog.

La loupe de fer affiné est posée sur l'enclume;

sous le choc du marteau elle se comprime, les scories jaillissent, les étincelles volent de toutes parts.
Cela s'appelle *cingler la loupe.*

La masse tournée et retournée sur l'enclume
pour subir le choc sur toutes ses faces, est ensuite
partagée à l'aide d'une *tranche* en deux *lopins,*
qui réchauffés sur le tas de charbon pendant l'opération suivante seront successivement *étirés* sous
un marteau *léger,* de 200 à 250 kil. seulement, désigné par le diminutif de *martinet.*

Le mazéage. — L'ensemble des travaux que
nous venons de décrire éprouve, suivant les localités, suivant la nature du combustible et de la
fonte, de légères modifications. L'affinage par le
procédé comtois est souvent précédé d'une opération préparatoire qui porte le nom de *mazéage.* Le
mazéage consiste à refondre une première fois le
métal dans un foyer quelque peu semblable à un
cubilot sous l'influence d'un fort courant d'air. La
fonte en fusion traversant sous forme de gouttelettes le vent de la tuyère subit un commencement
d'*affinage :* puis on la coule en *plaques* ou *lingots*
que l'on refroidit en y jetant de l'eau, afin de faire
blanchir la fonte. C'est surtout pour les fers de
qualité supérieure qu'on divise ainsi en deux opérations successives le traitement de l'affinage. Le
travail dans le *bas-foyer* ne dure plus alors que
deux heures environ par chaque charge; il est fait
par 6 ouvriers divisés en deux *postes* qui se relèvent. La charge ordinaire du foyer est de 92 à 96 k.

Variantes du procédé comtois. — Les procédés
d'affinage au petit foyer connus des ouvriers sous
des noms divers ne diffèrent de la *méthode comtoise* que par le détail. Ainsi en Champagne l'opération est menée avec plus de rapidité. Dans la
méthode bourguignonne la fonte n'est pas *soulevée;* et pour que l'oxydation soit suffisante, il faut
en compensation, que le métal coule en fines gouttelettes sous le vent de la tuyère. La consommation

de combustible se trouve diminuée, le *déchet* sur la fonte augmente un peu. La *méthode allemande* supprime toujours le *mazéage* préalable, et traite de 100 à 125 k. de fonte à la fois ; mais l'opération dure 6 heures au lieu de 4. Le *feu bohémien*, plus étroit, reçoit une moindre quantité de métal. Les différences qu'on peut relever en d'autres localités sont de même ordre.

La forge d'affinage est un établissement modeste. L'usine comporte ordinairement un ou deux ou trois foyers avec leurs accessoires : un ou deux fourneaux à *mazer*, une couple de marteaux et autant de martinets, souvent un petit *train de laminoirs*. Obligée par sa disposition même de se rapprocher des forêts qui produisent le charbon, du haut-fourneau qui l'alimente de fonte, elle demande presque toujours à l'eau la force motrice qui l'anime. On la rencontre sise au fond de quelque fraîche vallée, sur le bord de la rivière aux eaux rapides. Les barrages, les canaux, les déversoirs, l'eau qui fuit divisée en plusieurs bras entourant des îlots de verdure, donnent à l'usine un aspect rustique que ne dément pas un coup d'œil jeté à l'intérieur. Il y a telle de ces forges lorraines ou ardennaises où vous pourriez voir, le soir, à deux pas du foyer ardent, des groupes de femmes tranquillement assises sur des blocs de fonte, tricotant ou cousant à la lueur des fournaises, comme on fait à la veillée, devant l'âtre patriarcal : les enfants jouent alentour. Le tout, au milieu du bruit des marteaux, du ronflement des tuyères, des loupes brûlantes qu'on transporte, des gueuses qu'on décharge... Le forgeron, rude athlète, engagé dans la grande lutte du travail, passe le revers de sa main sur son front couvert de sueur, et jette un regard de côté : la femme et les enfants sont là. Trait de mœurs locales qui ne manque pas de pittoresque, — et qui donne à rêver.

Qualité des fers au petit foyer. — Le fer obtenu

Une forge d'affinage en Lorraine.

par l'affinage au petit foyer est excellent pourvu qu'il provienne de bonnes fontes, et de préférence, de fontes au bois. La raison principale de sa supériorité est ici encore la nature du combustible; puis le travail exécuté sur de petites masses à la fois dans une opération lente est un travail plus soigné que celui qui s'accomplit un peu sommairement sur de grandes masses et avec rapidité. Mais la méthode comtoise ne convient pas aux fontes médiocres, auxquelles elle laisse tous leurs défauts. Son plus grand inconvénient d'ailleurs est l'emploi d'un combustible coûteux et une production limitée. Aussi les *fers affinés au bois* sont-ils d'un prix supérieur et réservés pour des usages spéciaux. L'affinage au petit foyer fut la seule méthode employée pour la transformation de la fonte jusque vers 1786, époque à laquelle furent découverts et se répandirent les procédés modernes d'*affinage à la houille*. Les considérations qui conduisirent à la recherche et à l'adoption de ces procédés furent les mêmes qui déterminèrent l'emploi du combustible minéral pour la production de la fonte. Les mêmes tendances se manifestent dans tout l'ensemble du travail métallurgique, et amènent partout des conséquences toutes semblables.

Affinage à la houille.

La finerie. — Les procédés de la méthode moderne, dite *méthode anglaise*, agissant sur de grandes masses et par un travail rapide, réclament des appareils coûteux et des moteurs puissants. Au lieu de s'isoler comme une industrie distincte, répartie entre un grand nombre de petites usines étagées de chute en chute le long des cours d'eau, l'affinage tend de plus en plus à venir se confondre dans le vaste ensemble des opérations métallurgiques concentrées en d'immenses établissements sis

près des canaux et des chemins de fer, à proximité
des mines et des houillères. L'affinage par le procédé anglais est d'ordinaire divisé en deux opérations successives. La première correspond à peu
près au *mazéage*.

Un vaste foyer animé par le vent de 4, 6 ou

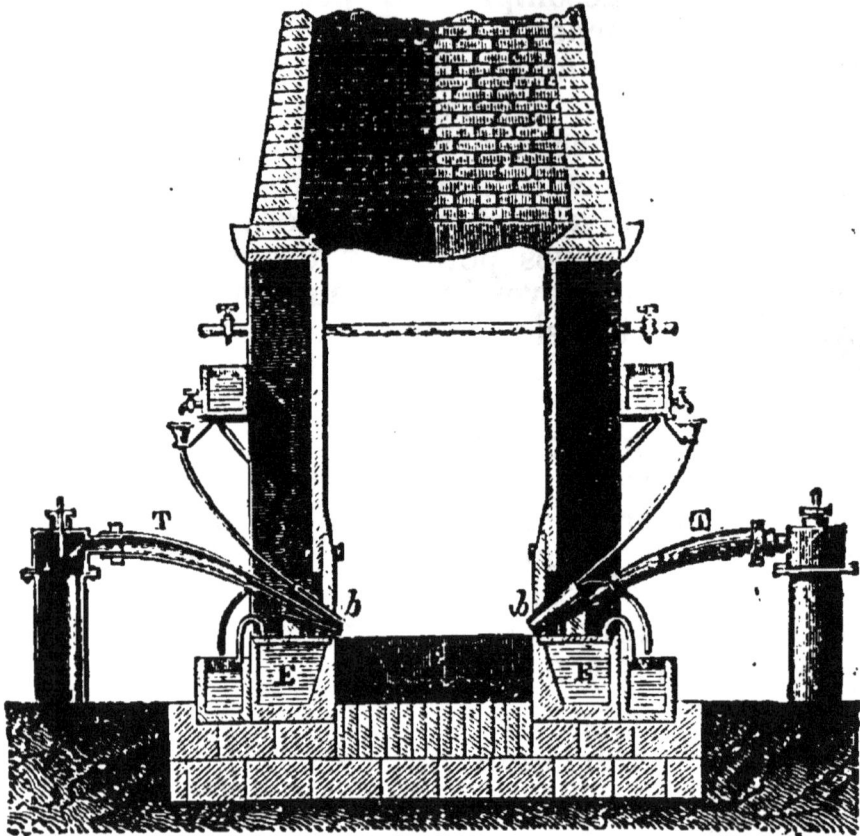

Feu de finerie. — C, creuset. — *b*, *b*, buses à double enveloppe où
circule un courant d'eau. — E, E, caisse à eau formant les parois
du creuset. — T', T, tuyaux amenant le vent aux buses *b*, *b*.

même 8 tuyères, reçoit dans son large creuset une
lourde charge de bon coke. Sur le combustible on
dépose environ un millier de kilogr. de fonte en
gros fragments, que l'on recouvre encore d'une
couche de coke. On donne le vent; la masse s'em-

brase. La chaleur est telle que les plaques de métal qui forment les parois du creuset et les tuyères elles-mêmes fondraient si elles n'étaient sans cesse rafraîchies. A cet effet les parois verticales du creuset sont doubles, semblables à de longues auges que l'on aurait disposées sur quatre cotés, en laissant au milieu une cavité qui est le creuset. On tient ces *caisses à eau* toujours remplies. Les tuyères aussi sont à double enveloppe : et dans l'intervalle des parois circule un courant d'eau amené d'un réservoir supérieur. La fonte se ramollit ; le souffle rapide des tuyères la rencontre, oxyde le silicium, le phosphore, une partie du carbone. Le métal pâteux se boursoufle en dégageant de l'*oxyde de carbone ;* puis il se liquéfie entièrement et ruisselle au fond du creuset. La scorie formée par la silice surnage le métal en fusion ; le vent des tuyères la balaie à mesure et frappe le *bain* de fonte. Au bout de deux heures environ on donne issue à la fonte à demi affinée et qui porte alors le nom de *fine métal.* On la coule en plaques minces que l'on refroidit par arrosement, pour la rendre blanche et très-cassante.

Le *fine métal*, à peu près dépourvu de silicium et de phosphore, et ayant déjà perdu une partie de son carbone, va subir la seconde opération, qu'on nomme le *puddlage,* dans un fourneau à *réverbère* désigné sous le nom de *four à puddler.* Ici le métal ne sera plus en contact avec le combustible ; la flamme seule l'enveloppera de toute part.

Le four à puddler. — Un *four à puddler* se compose de trois parties distinctes : le foyer, la sole recouverte de sa voûte, la cheminée. Le combustible n'est plus ici le coke ; c'est une houille à longue flamme, étendue en couche peu épaisse sur une très-large grille. Par le seul effet du tirage de la cheminée, haute de 6 à 10 mètres, un rapide courant d'air traverse la houille, détermine une combustion très-intense et une effroyable chaleur. La flamme du foyer rabattue par la voûte surbaissée traverse toute l'étendue du fourneau, *lèche* la *sole* où est déposée la fonte; puis elle s'élève dans la cheminée, et lorsque l'opération est en bon train, elle en dépasse même le tuyau en un panache ondoyant.

Le tirage du fourneau a besoin, comme nous allons le voir, de cette énergie extrême qui entraîne la flamme. Le courant d'air qui traverse la grille brûle le combustible en lui fournissant de l'oxygène; mais comme il afflue avec abondance et rapidité, et que d'ailleurs la couche de houille qu'il traverse n'est pas très-épaisse, il ne cède pas au passage tout son oxygène. Il lui en reste beaucoup encore : chose essentielle. La flamme qui se rabat et s'étale sur la sole est donc à la fois très-ardente et mêlée de beaucoup d'oxygène : *oxydante,* par suite, au suprême degré.

La *sole* forme comme une sorte de table séparée du foyer par une muraille basse appelée l'*autel.* Autrefois on étendait sur la sole une couche épaisse de sable fortement tassé, sur laquelle on déposait la fonte en petits blocs. On chargeait alors exclusivement le four de *fonte finée (fine métal)* : ce procédé, encore en usage dans certaines usines et pour certaines qualités de fonte, porte le nom de *puddlage sec.* On préfère ordinairement aujourd'hui *former* la sole d'une couche de scories et de *battitures* (oxyde de fer en paillettes détachées par le martelage). Cet oxyde de fer cédera, pendant l'opération, son oxygène au carbone de la fonte, suivant un principe ci-dessus énoncé; la réaction en sera activée. On peut alors charger le sol d'un mélange de *fine métal* et de *fonte de coulée* (non *finée*); on peut même dans certains cas n'exposer à l'action du feu que la fonte de coulée telle qu'elle sort du creuset du haut-fourneau : ce qui revient à supprimer la *finerie.* Ce procédé perfectionné est appelé le *puddlage au four bouillant :* nous verrons pourquoi tout à l'heure.

Le travail du puddlage. — La fonte ayant été introduite par la *porte de travail* on referme celle-ci, puis on donne un vif coup de feu en ouvrant le *registre*, sorte de couvercle qui se rabattant sur l'orifice de la cheminée ou se relevant permet de

Four à puddler. Coupe. — D, sole.

modérer à volonté le tirage. En moins de vingt minutes la masse entière portée au rouge blanc commence à fondre et à ruisseler sur la sole : on favorise la fusion en brisant avec le ringard les morceaux de fonte ramollis. Le métal est passé à l'état de fusion pâteuse : il semble en pleine ébullition. Un bouillonnement étrange se produit, de toute la surface ardente s'élancent des jets de flamme bleue : c'est l'oxyde de carbone formé qui brûle. L'ouvrier, à l'aide d'un ringard recourbé dit *crochet* (ou *rabot*), remue continuellement la masse.

Cette manœuvre, qui constitue le *puddlage* (de l'anglais *puddle*, brasser, pétrir), est extrêmement pénible. Le puddleur, exposé au rayonnement de la porte de travail à demi-soulevée, doit en même temps effectuer un grand déploiement de force musculaire. Plus l'opération avance, plus la masse prend une consistance épaisse, plus le crochet trouve de résistance. Et non-seulement le puddleur doit être un vigoureux gaillard, mais il doit en même temps être un habile ouvrier : car c'est à lui de juger, à l'aspect du métal, à la résistance éprouvée par le crochet, du progrès de l'opération. Quand enfin le fer a *pris nature* et tend à s'agglomérer en masses distinctes et épaisses au milieu du bain de laitier fluide, l'ouvrier avec un ringard droit agglutine les parcelles du métal pour former un *noyau*, qu'il roule ensuite sur la sole et auquel viennent se souder les granules épars. — Ainsi grossit la boule de neige que des enfants roulent sur le chemin. Le puddleur forme de la sorte une loupe ou *balle* de 30 à 35 kilog. qu'il pousse ensuite vers l'*autel* pour la maintenir chaude sous la flamme, tandis qu'il formera une seconde, une troisième balle et ainsi de suite, et jusqu'à ce que toute la charge y ait passé. Les 6 ou 8 balles qu'elle fournit seront ensuite cinglées ou comprimées.

Depuis quelques années divers systèmes ont été imaginés pour le *puddlage mécanique ;* d'ingénieuses machines, en brassant énergiquement la masse pâteuse, évitent à l'homme ce pénible travail. Ces essais ont été couronnés d'un plein succès; nous ne décrirons cependant pas les *fours à puddler mécaniques*, leur usage ne s'étant pas encore généralisé.

Dans l'opération du *puddlage* l'oxygène de l'air et celui qui existe dans l'oxyde de fer et les scories ajoutées au métal brûlent le carbone de la fonte et en même temps la presque totalité du silicium, du soufre, du phosphore qu'elle peut contenir. Si la manœuvre est bien exécutée, il ne reste dans le fer que des traces de ces dernières substances, et tout le carbone a disparu.

Cinglage du fer puddlé. — Il reste maintenant à comprimer violemment les balles de fer pour en exprimer les scories et rendre le métal parfaitement compacte, tenace, homogène. Cette compression peut être obtenue par divers moyens; le plus ordinairement l'opération débute par un *cinglage* sous le marteau. Le marteau à queue ou le marteau frontal peuvent y être employés; mais les grandes usines les ont presque partout remplacés par une machine qui porte le nom de *marteau-pilon*. Cette machine, qui joint à une puissance extrême une extrême simplicité, qui mesure la force des chocs avec une précision merveilleuse et sert à la fois au cinglage des loupes et au *forgeage* des grosses pièces, est un des plus remarquables *organes mécaniques* de l'industrie métallurgique moderne. Nous apprendrons bientôt à apprécier ses services; esquissons dès maintenant une description sommaire de sa description.

Le marteau-pilon. — Un énorme et massif bâti de fonte solidement appuyé sur de larges et épaisses fondations supporte les pièces essentielles de l'appareil. La principale est un lourd *mouton* de fonte qui, soulevé par la vapeur ainsi que nous allons l'exposer, retombe de tout son poids et écrase du choc de sa tête armée d'acier la loupe posée sur l'enclume. L'enclume est ici un simple bloc de fonte ou de fer *aciéré*, assez solidement appuyé sur ses fondations pour ne pas céder sous les coups multipliés. Le mouton, dans les appareils ordinaires, pèse de 3000 à 6000 kilogrammes; mais ce chiffre, déjà respectable, est souvent beaucoup dépassé, comme nous le verrons bientôt. La lourde masse est guidée dans sa chute par des *coulisses* verticales fixées au bâti de la machine. — Mais ce

Four à puddler.

pilon gigantesque, ce véritable marteau de cyclope, il faut le mettre en mouvement ; c'est ici que triomphe l'ingénieuse simplicité de la disposition mécanique. (Voir la figure au frontispice.)

Au haut du bâti, verticalement au-dessus du mouton, est établi le cylindre moteur. Cet organe est analogue au cylindre d'une machine à vapeur ordinaire, à cela près qu'il est plus simple. La vapeur ici n'a qu'un effet à produire : soulever le mouton ; celui-ci redescendra de lui-même. Elle n'agira donc que dans un seul sens ; et l'appareil aura la disposition générale d'une *machine à simple effet* [1].

Imaginez un cylindre parfaitement dressé à l'intérieur, comme un énorme *corps de pompe*, et dans lequel peut se mouvoir aussi un *piston*. La base inférieure du cylindre est close, et laisse seulement à son centre une ouverture garnie d'étoupes fortement pressées, à travers laquelle glisse la tige cylindrique fixée au piston. Cette tige, d'autre part, est directement reliée au mouton ; de telle sorte que par son intermédiaire le mouton et le piston font pour ainsi dire corps ensemble. Supposons maintenant que de la vapeur à très-forte pression soit introduite par un conduit convenablement disposé, *sous le piston*. Cette vapeur exercera à la surface du piston un tel effort de pression qu'elle le contraindra à s'élever dans le cylindre, malgré le poids du mouton qu'il est obligé de soulever. Le piston arrivé à une certaine hauteur, supprimez l'entrée de la vapeur, puis ouvrez-lui, tout au contraire, un passage qui lui permette de s'échapper librement dans l'atmosphère. Le piston, cessant de recevoir la pression qui le maintenait soulevé, redescend entraîné par le poids du mouton. La vapeur est violemment chassée au dehors, et le mouton

1. On en construit aujourd'hui à *double effet;* la vapeur ajoute sa pression au poids du mouton lors de la chute.

vient heurter d'un choc puissant la pièce de fer posée sur l'enclume.

La vapeur destinée à agir sur le piston est produite sous une haute pression (de 5 à 9 atmosphères) dans une chaudière voisine, le plus souvent chauffée à la *chaleur perdue* des fours à puddler : la flamme de ceux-ci avant de s'élever dans la cheminée circule sous les flancs de la chaudière. Un gros tuyau amène la vapeur au cylindre ; un autre conduit au dehors celle qui en sort après avoir produit son effet. L'appareil de *distribution de vapeur* permet d'*admettre* (faire entrer) à volonté ou de laisser échapper la vapeur. Il a pour pièce essentielle une plaque mobile nommée *tiroir* qui peut couvrir et découvrir, fermer et ouvrir alternativement deux *orifices*, l'orifice d'*admission* qui laisse entrer la vapeur, l'orifice d'*échappement* qui lui livre passage pour s'échapper au dehors. Cette pièce qui commande le jeu de toute la machine est manœuvrée à *la main* par l'ouvrier à l'aide d'un simple levier. Cette dépendance directe est justement ce qui fait la supériorité de l'ingénieuse machine. En ouvrant ou fermant à son gré les orifices, l'ouvrier gouverne l'action de la vapeur. Il peut soulever le mouton de quelques centimètres seulement, ou jusqu'au haut de sa *course*, rapidement ou lentement ; le tenir suspendu, le laisser retomber de toute sa vitesse ou modérer à volonté sa chute, l'arrêter tout court dans son mouvement. Il peut donner des chocs légers ou violents, frapper à longs intervalles ou à coups précipités. La puissante machine obéit avec une docilité extrême, et semble agir avec intelligence, tant elle est soumise à l'intelligence qui la dirige : tandis que les marteaux soulevés par des cames frappent à coups égaux et d'un rhythme mécanique, ou du moins sont difficiles à diriger.

La balle retirée du four à puddler est jetée sur un petit chariot de fer à l'aide duquel on la trans-

porte près du marteau. Le *cingleur* la saisit avec
une longue et forte tenaille, et la pose sur l'enclume !
un ouvrier agit sur le levier du *tiroir* et met la
machine en marche. L'énorme mouton se soulève
et retombe, tandis que le cingleur tourne et retourne sa balle pour l'exposer au choc sur toutes
les faces. Les scories suintent ; les étincelles jaillissent ; le fer, comprimé avec une force extrême, commence à prendre une contexture dense et serrée.

Le squeezer. — Le choc du marteau est préférable à tout autre moyen de compression, au point
de vue de la qualité du fer obtenu. Cependant on
fait aussi usage de *presses* très-énergiques de différents systèmes agissant sans choc, pour comprimer
la loupe et expulser les scories. La plus usitée porte
le nom anglais de *squeezer* (pr. skouizeur).

Figurez-vous une immense tenaille de cordon-
nier, un *bec de canne* gigantesque... La mâchoire
inférieure est fixe et représente l'enclume ; la mâchoire supérieure dentée de cannelures transversales, s'élève et s'abaisse d'un mouvement égal ; on
dirait une gueule formidable qui s'ouvre et se referme. La balle toute blanche de chaleur est jetée
entre ces mâchoires, le cingleur armé de sa pince
la tourne et la retourne sous les morsures, tandis
que le laitier exprimé coule comme une lave. L'aspect de cette gueule qui mâchonne monstrueuse-
ment a quelque chose de sauvage... C'est ce que
les ouvriers ont rendu à leur manière en lui jetant
comme une injure, le nom pittoresque de *crocodile*.

Le *squeezer crocodile* est fort employé en Angleterre ; beaucoup plus commode que les anciens
marteaux, il cède devant le *marteau-pilon* dont
l'usage se généralise. Les autres presses employées
pour comprimer les balles puddlées, quoique très-
puissantes et fort ingénieuses, ne sont pas encore
d'un usage assez répandu pour qu'il y ait lieu d'en
donner ici une description.

Le laminoir. — Après leur passage sous le marteau ou entre les mâchoires du squeezer, les masses métalliques ont encore besoin d'être *étirées*. Cette opération peut être faite à l'aide de légers marteaux ; mais dans presque toutes les usines modernes le fer cinglé est passé au laminoir.

Avec le *marteau-pilon*, et sur la même ligne, le laminoir est l'organe essentiel d'un établissement métallurgique. Loin d'être borné à l'étirage du fer cinglé, son emploi est pour ainsi dire universel.

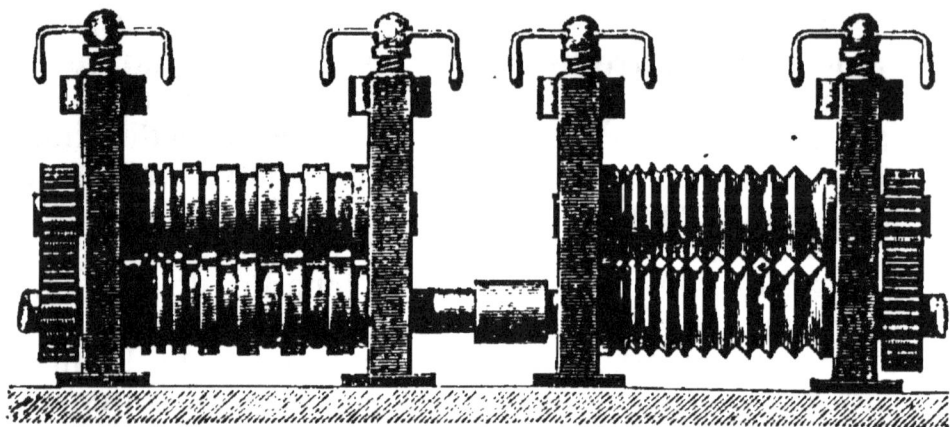

Élévation d'un train de laminoirs. — A, cylindre à cannelures en ogive. — B, cylindre à cannelures plates.

Nous verrons bientôt comment, en subissant des modifications appropriées, cet appareil s'adapte aux conditions les plus diverses de fabrication, pour rendre de nombreux et inappréciables services. Esquissons d'abord sa construction sous la forme la plus simple qu'on lui donne, lorsqu'il est uniquement destiné à l'étirage.

Le laminoir consiste essentiellement en deux cylindres (une paire de cylindres) disposés horizontalement l'un au-dessus de l'autre, et plus ou moins rapprochés, le plus souvent presque en contact. Ces cylindres tournent en sens inverse sur leurs gros *tourillons* (bouts d'essieu) de telle sorte qu'un objet présenté *du côté qui engage* se trouve mordu, entraîné par le mouvement irrésistible : contraint de passer entre les cylindres, il s'écrase ou s'aplatit en s'allongeant, et ressort de l'autre côté, réduit en poudre ou étiré, suivant sa nature. Chaque paire de cylindres constitue ce qu'on nomme un *équipage* ; une série de plusieurs équipages disposés sur une même ligne et mis en mouvement par une même machine est un *train de laminoirs*.

Les cylindres destinés à étirer le fer cinglé ont leur surface creusée de profondes cannelures semblables à des gorges de poulies. Ces cannelures se correspondent de manière à laisser un intervalle vide, dont le *profil* et les dimensions sont déterminés suivant les circonstances. Les deux cylindres de l'équipage portent ainsi une série de cannelures dont les dimensions vont en diminuant régulièrement d'une extrémité à l'autre des cylindres. Le plus ordinairement le *train à étirer* comprend deux *équipages* : les cylindres *dégrossisseurs* et les cylindres *finisseurs*. Le premier offre des cannelures de profil dit *ogival*, les seconds des cannelures de profil rectangulaire (cannelures plates).

Étirage du fer au laminoir. — La pièce cinglée qui sort de dessous le marteau, réchauffée s'il est nécessaire, est traînée près du laminoir. Le chef lamineur la saisit avec sa pince, et l'engage par son extrémité un peu amincie, dans la cannelure la plus large des cylindres. Mais cette cannelure est encore beaucoup plus étroite que le corps de la pièce. Et cependant une fois mordue *il faut qu'elle passe*. Il faut qu'elle passe, ou que le laminoir se brise, ou que la machine s'arrête. La lutte est irrémissiblement engagée entre les forces aveugles de la matière que l'homme vient de mettre aux prises. Or les cylindres sont d'une solidité à toute épreuve ; la machine d'une puissance extrême : la résistance sera vaincue. — On sent l'effort qui fait gémir la machine ; on voit la pièce s'étirer, s'allonger aux dépens de son diamètre. Un ouvrier la saisit de l'autre côté avec une forte tenaille. Celui qui l'a

Étirage du fer brut au laminoir. Équipages dégrossisseurs, à g.; à dr., équipage finisseur. Dressage des barre

engagée doit l'abandonner à temps : autrement sa pince, à lui, serait saisie, broyée à froid ; je n'ai pas besoin de dire en quel état elle ressortirait. Après cette première passe l'aide *renvoie* la pièce au chef lamineur : il laisse celle-ci s'appuyer sur le cylindre supérieur dont le mouvement aidera le retour. Puis la pièce sera engagée dans la cannelure suivante, d'un diamètre un peu plus étroit, où elle s'allongera davantage en s'amincissant encore. Et ainsi de suite. Elle passera de cannelure en cannelure jusqu'à ce que la longueur acquise soit jugée suffisante et le diamètre assez réduit. De l'équipage dégrossisseur la *barre* sort à peu près carrée, légèrement arrondie sur les arêtes ; on la fait alors passer par les cannelures des *finisseurs* qui lui donnent la forme *méplate*, plus favorable aux opérations qui vont suivre.

Corroyage du fer. — Le passage au laminoir donne au fer du *nerf*, de la ténacité. Cependant le fer ainsi étiré n'est encore que du *fer brut*, propre seulement à un petit nombre d'usages grossiers. Il a des défauts, des *pailles*, provenant d'une soudure imparfaite ; il n'est pas *homogène*, c'est-à-dire de même qualité dans toutes ses parties. Pour se transformer en *fer fini*, marchand, propre à la forge, il lui reste encore à subir une nouvelle série d'épreuves. Cette dernière phase du travail consistera encore à pétrir, souder, marteler, laminer le métal.

Les barres plates de fer brut sont d'abord coupées en *plaquettes* de vingt à trente centimètres de longueur, soit à chaud, soit à froid, à l'aide d'une cisaille mécanique. — Une véritable paire de ciseaux : seulement, formidable. La pièce inférieure, représentant l'une des branches des ciseaux, est fixe et solidement établie ; la branche supérieure, mise en mouvement par sa longue queue, présente un taillant court et massif. Toutes deux sont armées de tranchants en acier. La cisaille, mue par la machine à vapeur, s'ouvre et se referme d'un mouvement égal et lent. Les ouvriers lui présentent la barre au moment où elle s'ouvre ; la pièce détachée tombe à terre. On est stupéfait de voir la machine trancher à vif dans le fer froid sans choc, sans secousse, sans effort, avec je ne sais quelle apparence d'indifférence tranquille. — De ces pla-

Cisaille mécanique. — C, C' tranchants.

quettes cisaillées on forme des *paquets* que l'on relie avec du fil de fer. On peut ainsi assortir dans un même paquet des pièces de provenances et de qualités diverses, afin d'obtenir un produit de propriétés moyennes et prévues. On peut aussi les disposer de telle sorte que la pièce, après le travail qu'elle va subir, ait par exemple, l'âme (la partie centrale) formée d'une nature de fer donnée, la surface d'un métal de texture et de qualités différentes. Cet art d'assortir les fers de nature diverse, qui suppose une connaissance approfondie des propriétés du métal selon ses différentes provenances, est poussé à un haut degré par les hommes spéciaux. Les paquets liés sont chargés dans un four dit *four à réchauffer*.

Le four à réchauffer. — Le four à réchauffer ne diffère pas essentiellement dans sa construction du four à puddler. Le foyer est plus étroit et plus profond. Les paquets déposés sur une *sole* de sable fortement tassé sont enveloppés par les flammes que rabat la voûte surbaissée. La flamme est moins oxydante que dans le four à puddler, mais la chaleur plus intense encore. Les paquets sont rapidement portés à la température extrême du *rouge blanc soudant*, dite par les ouvriers *chaude suante*, dont l'éblouissante lumière est accompagnée d'une teinte violacée. Le métal se ramollit. Un trop long séjour dans cette flamme brûlerait, c'est-à-dire déterminerait une oxydation qui occasionnerait un déchet et nuirait à la qualité du fer. Les paquets retirés sont jetés à mesure sur des chariots à loupes qui les transportent au *marteau-pilon*. Sous les chocs répétés les pièces qui forment le paquet se soudent intimement et contractent une parfaite adhérence. Le métal, pétri pour ainsi dire, devient homogène, tenace. Une telle opération est souvent désignée sous le nom de *corroyage*. La pièce corroyée encore chaude subit de nouvelles passes au laminoir, qui rendent au fer fini la forme de barres carrées ou méplates. Le train de laminoir destiné à cet usage est désigné sous le nom de *train finisseur ;* il est établi avec plus de précision que le laminoir qui étire les loupes de fer brut.

Les fers en barres sont destinés à être livrés au commerce sous cette forme, ou à subir dans l'usine même de nouvelles façons. Toutefois il est avantageux de profiter de la chaude qui fournit le fer fini pour donner immédiatement la forme définitive à certaines pièces. C'est aux grosses pièces de forge, aux *fers longs* de différents profils (dits fers en T, en V, en équerre, etc.), aux grosses tôles et surtout aux rails, que l'on applique le plus ordinairement ce mode de procéder. Nous y reviendrons.

Résumé des opérations métallurgiques pour le traitement du fer. — Le fer est *fini*. La série des opérations métallurgiques est close. Le métal sera soumis encore à d'autres manipulations ; mais, hors le cas spécial où il devrait être transformé en acier, ces travaux n'auront plus désormais pour but que de lui donner des formes appropriées à tel ou tel usage, non plus de modifier sa texture intime et ses propriétés. Le fer est fini ; mais résumons en deux lignes la succession des opérations par lesquelles il a dû passer avant d'en venir là, depuis le moment où le pic du mineur a détaché du filon le bloc informe : extraction, bocardage, lavage, grillage, mélange avec les fondants, fusion, coulée en gueuses, finage, puddlage, cinglage au marteau, étirage au laminoir, découpage à la cisaille, mise en paquets, passage des paquets au four à réchauffer, nouveau martelage, nouveau passage au laminoir... Puis ajoutez encore par la pensée les travaux accessoires non moins indispensables : extraction de la houille, des fondants, fabrication du coke — et l'immense somme de force mécanique dépensée, et, ce qui est d'une toute autre valeur, les sueurs de l'homme... Et maintenant dites si ce métal précieux par excellence, nous ne l'avons pas bien payé son prix à la nature ?

LE FORGEAGE.

La petite forge. — Un joli tableau est au Louvre : *le Maréchal et sa famille* (Frères le Nain, xviiᵉ siècle). Debout devant le foyer, le forgeron attise son feu en détournant la face ; l'aîné des enfants tire la chaîne pendante du soufflet, la femme tranquille-

ment regarde. Un paysan et son jeune fils attendent l'instrument qu'on est en train de fabriquer
pour eux. Le groupe est pittoresquement éclairé
par la flamme, qui jette ses reflets rouges sur les
visages animés d'une intelligente bonhomie; les
outils, les accessoires de la forge sont entrevus,
épars dans les ombres. Souvent mon souvenir se
reporte à cette scène d'intérieur toute pleine de
naïve rusticité, gracieuse pourtant dans sa simplicité rude, quand j'entends au bord de la route ou
à l'entrée du village le son clair, presque joyeux de
l'enclume du maréchal.

Au reste, rien n'est changé dans la forme du
foyer, dans l'outillage, dans l'aménagement. Le
Vulcain villageois déploie une certaine habileté en
ses travaux quelque peu grossiers, mais variés;
ustensiles domestiques, fabrication et réparation
d'instruments agricoles, cercles et bandages pour
son voisin le charron, pointes de marteau pour le
maçon et le meunier, tout est de son ressort. Presque toujours il est en même temps maréchal ferrant
et plus ou moins vétérinaire... La forge est encom-
brée de ferraille dont il sait ingénieusement tirer
parti, et son outillage réduit à la plus simple
expression le met sans cesse en demeure d'imaginer
des expédients.

Les opérations du forgeage proprement dit ont
pour but de donner la forme au fer à chaud et par
le choc du marteau. — La forge maréchale a son
foyer étroit et peu profond, élevé d'un mètre environ
au-dessus du sol, alimenté par un gros soufflet de
cuir à double vent. Le combustible est invariable-
ment la houille menue, collante (qualité dite houille
maréchale), largement arrosée. Le forgeron la dépose
à la pelle en tassant légèrement, de telle sorte
qu'elle fasse voûte au-dessus de la tuyère. Sous
cette voûte il glisse les barres qu'il veut chauffer.
Des pinces de formes diverses, un ou deux crochets
servant à attiser son feu, une couple de *masses* à

longs manches et deux ou trois marteaux plus
légers entourent le foyer, à portée de la main.
L'enclume, en fer forgé doublé d'acier, est posée
sur un bloc de bois solidement assujéti ; elle offre
une partie plate ou *table,* et deux cornes dites *bi-
gornes.* (Voir à la page de titre.)

La forme ou les dimensions de l'objet à fabriquer
obligent fréquemment à réunir par soudure deux
ou plusieurs pièces, ou les deux parties d'une même
pièce façonnée. Cette opération se fait en chauffant
le fer au rouge blanc soudant (1500°). On donne
un bon coup de feu ; le fer retiré du foyer étincelle.
Une petite couche d'oxyde ruisselle en fines gouttelettes comme des perles de sueur. « Le fer sue »,
dit le forgeron. Il saupoudre légèrement sa pièce
d'un peu d'argile, ce qui forme à sa surface une
sorte de laitier que le choc exprimera facilement.
Mais pour que le fer se soude, il faut, tandis qu'il
est chaud, frapper des coups vigoureux. Alerte
donc ! Le forgeron porte vivement sa pièce sur
l'enclume ; il fait signe à ses aides qui ont déjà saisi
à deux mains leurs lourdes masses. — « Là, s'il
vous plaît ! » — (La formule polie est de rigueur.)
Et les coups tombent en cadence, fort et dru, tandis que le maître forgeron tourne et retourne sa
pièce sur l'enclume de la main gauche, tout en
frappant lui-même de la main droite. Souvent la
soudure d'une pièce un peu forte nécessite plusieurs
chaudes. C'est surtout par un martelage au *rouge
clair* (1100°) que la forme est donnée à la pièce :
le fer se laisse docilement aplatir, étirer, refouler,
replier. S'il faut retrancher une partie du métal,
le forgeron appuie sur la pièce le biseau d'un petit
marteau nommé *tranche* : l'aide assène sur la
tranche un coup de masse. Une entaille profonde
est faite, un léger choc sur la partie tranchée la fait
tomber à terre. — La pièce est ébauchée : on la
réchauffe au *rouge cerise* (vers 950°) pour l'achever,
la corriger à petits coups. Enfin si l'on craint que

la pièce se soit *aigrie*, écrouie par un martelage trop prolongé pendant le refroidissement, on la recuit au *rouge brun* ou *rouge naissant* (500° à 600°). Cette chaude modérée, en faisant reprendre aux molécules violemment comprimées leur équilibre naturel, rend au métal sa douceur et sa ductilité.

La pièce façonnée au marteau peut en bien des cas être considérée comme terminée ; mais souvent elle exige le travail à *froid* du burin, de la lime, du foret, du tour. Ces derniers travaux se rattachent à l'*ajustage*, dont nous n'avons pas à parler ici.

La grosse forge. — Les exigences de la consommation ont contraint de modifier profondément dans l'industrie les procédés de la petite forge ; tout a dû s'agrandir dans les mêmes proportions. La machine est encore intervenue ; le *marteau-pilon*, le *laminoir*, la *presse*, sont venus prendre le premier rôle.

Entrons donc dans une usine moderne, au Creuzot, si vous voulez, à l'Arsenal, à Sering, dans la *forge des grosses œuvres*, au moment où se forge quelqu'une de ces pièces d'un poids effrayant, telles que les *plaques de blindage* pour les vaisseaux cuirassés, les essieux des puissantes machines à vapeur marines. De volumineux *paquets* formés de barres de fer, ou brut ou déjà corroyé, ont été chauffés au blanc soudant, puis comprimés par le marteau, et se sont agglomérés en une masse compacte. Il s'agit de donner la forme. La pièce est engagée par une de ses extrémités dans une sorte de griffe se terminant en une longue queue, munie de leviers transversaux, et suspendue aux palans d'une grue puissante. L'autre extrémité est introduite dans un vaste *four à réchauffer*. La porte à coulisse du four est abaissée sur la pièce, et le reste de l'ouverture est obstrué par des briques ; on entend rugir la flamme à l'intérieur. Les ouvriers se rangent à leur poste ; une nombreuse équipe se

Forgeage d'une grosse pièce au marteau-pilon.

prépare à la manœuvre. Les uns saisissent la
longue queue, les autres s'attaquent aux chaines,
aux crochets. La porte se soulève, un tourbillon de
flamme sort par l'ouverture. L'énorme pièce est
retirée toute éblouissante du four, et les hommes,
manœuvrant avec ensemble, l'amènent sous le
marteau. Le chef est là, prenant à chaque instant
mesure avec son gigantesque *compas d'épaisseur ;*
à sa voix les ouvriers avancent ou reculent la pièce,
la tournent, la retournent ; le marteau frappe des
coups tantôt violents, tantôt mesurés. L'appareil
semble bien en rapport de puissance avec le travail
qui lui est demandé ; mais ce qui étonne à bon
droit c'est qu'avec ces procédés tout mécaniques on
puisse arriver à donner à la pièce la forme voulue
avec assez de précision pour que sortant de dessous
le marteau elle puisse être portée à l'*ajustage.* Une
seule chaude ne suffit pas pour donner la façon à la
pièce ; celle-ci doit être plusieurs fois réchauffée.

Dans certains cas on adapte à la tête du marteau
et au bloc qui sert d'enclume des pièces de formes
diverses, portant des creux et des reliefs compa-
rables à ceux d'un moule. Le métal en effet, refoulé
par le choc, est contraint de se mouler sur ces pièces
et d'en prendre l'empreinte. Ce procédé connu sous
le nom d'*estampage* tend à se généraliser : il est
surtout employé pour les formes compliquées.

Ces lourdes *plaques de blindage,* qui doivent recevoir des courbures diverses et *gauches* pour
s'appliquer aux flancs des vaisseaux qu'elles sont
destinées à protéger, sont forgées sous le marteau-
pilon. Souvent aussi, dans nos grandes usines, on
achève de leur donner la courbure en les compri-
mant sans choc, à la chaleur rouge, entre deux
pièces d'acier sous l'action d'une presse excessivement puissante. Il suffira pour faire apprécier la
force des machines employées, de dire que telles
plaques de blindage fabriquées au Creuzot pèsent
jusqu'à 7,000 k. L'*arbre* (gros essieu) d'une ma-

chine à vapeur marine, de la force de 700 chevaux,
dépasse le poids effrayant de 25,000 k.

Fabrication des rails. — La fabrication des rails
est un des travaux les plus importants de l'industrie des fers. Les rails sont fabriqués au laminoir,
comme les *fers en barres*. Les *paquets* sont formés de *fer brut* et de *fer fini* associés suivant des
principes déjà indiqués. Les cannelures du laminoir,

Scies circulaires à couper les rails.

décroissantes et de forme graduée, conduisent le
rail aux dimensions qu'il doit avoir au bout de 10
ou 12 passages. Au sortir du laminoir le rail doit
être *coupé de longueur.* La machine qui le coupe
consiste essentiellement en un disque de tôle d'acier
denté à son contour, et formant une *scie circu-
laire.* Cette scie est animée d'un mouvement de
rotation rapide. On lui présente l'extrémité du rail
toute rouge encore; les dents mordent dans le fer,
et les parcelles détachées, — la sciure de fer rouge,
— projetées au loin par le mouvement de la roue,
retombent en pluie ardente. Et comme en traversant la masse rouge du feu les dents se ramolliraient

10

et s'émousseraient, la partie inférieure de la scie plonge dans de l'eau où elle se rafraîchit et se retrempe à mesure. En quelques secondes l'excédant de longueur du rail est détaché nettement. Le plus souvent la machine est double; et deux scies fixées à une distance égale à la longueur que le rail doit avoir, attaquent à la fois les deux extrémités : un mécanisme très-simple pousse le rail contre les dents des scies. Il ne s'agit plus que de redresser à coup de masse sur une plate-forme de fonte le rail qui a pu se gauchir pendant les opérations précédentes, et, s'il est nécessaire, d'y découper des trous à l'aide d'un emporte-pièce.

Les *fers longs* de profils divers, dits en *gouttières*, en *V*, en *T*, en *double T*, fort en usage aujourd'hui dans la construction des maisons, des halles, des ponts, etc., sont étirés de même que les rails, entre des cylindres diversement cannelés.

La tôle. — Pour les tôles, au contraire, les cylindres du laminoir sont *lisses* (non cannelés). Les *paquets* ou les *bidons*, grosses plaques de fer déjà corroyé, sont passés un grand nombre de fois, en *travers*, entre les cylindres graduellement rapprochés. Les premiers passages se font au rouge; et comme bientôt la plaque est refroidie, il faut la réchauffer à une chaleur modérée dans un four nommé *four dormant* à cause de son faible tirage. On fabrique ainsi les *grosses tôles*.

Faut-il obtenir des *tôles minces*, par un plus grand nombre de passages ? la plaque trop amincie et trop étendue se refroidit avec rapidité : on ne saurait l'achever à chaud. On destine à cette fabrication les fers les plus ductiles, capables de s'étendre à *froid* sans se déchirer. Mais comme la compression violente subie a pour effet d'*écrouir* le métal qui, trop aigri, se déchirerait au lieu de s'étendre encore, il faut recuire la feuille de tôle après quelques passages. Ces opérations doivent être d'autant plus multipliées qu'on veut réduire davantage l'épaisseur du métal. Il ne reste plus qu'à dresser à l'aide d'une forte *cisaille* mécanique les *rives* (bords) de la feuille de tôle, qui, au sortir du laminoir, étaient *criquées*, c'est-à-dire irrégulières et déchirées.

Les grosses tôles sont employées dans la construction et dans la *grosse chaudronnerie* (chaudières de machines à vapeur, etc.). Les tôles très-minces sont pour la plus grande partie transformées en *fer-blanc*. Cette opération qui a pour but de protéger la surface du fer par une couche mince d'un métal moins oxydable, l'*étain*, se fait en plongeant à plusieurs reprises les feuilles convenablement *dérochées* (nettoyées) dans un *bain* d'étain en fusion.

La tréfilerie. — L'importante fabrication des *fils de fer* exige aussi un métal très-pur et très-ductile. Les *bouts de barres*, d'un mètre de longueur environ, sont d'abord passés à un laminoir pourvu de cannelures décroissantes, et animé d'une grande vitesse. La barre s'allonge rapidement; on la voit sortir des dernières cannelures comme un long serpent de fer qui se tord sur le sol. Elle a dès lors acquis une longueur de 9 à 10 mètres, et s'est amincie en proportion. C'est quelque chose d'intermédiaire entre une barre et un fil (8 à 10 mill. de diamètre). Le reste du travail s'accomplit, à froid, à la *filière*.

La filière est une plaque d'acier *sauvage* (excessivement dur) percée d'une série de trous décroissante. Chaque trou lui-même est *conique;* évasé à l'entrée, rétréci à la sortie. Supposons qu'un fil de métal un peu plus fort de *calibre* que le diamètre de la sortie, un peu plus faible que celui de l'entrée évasée, soit engagé dans la filière. L'extrémité du fil, amincie à la lime pour permettre l'entrée, a été introduite dans le trou ; une forte pince le saisit à la sortie. Qu'un violent effort de traction soit exercé, et le fil, malgré sa résistance, sera entraîné à tra-

vers l'ouverture trop étroite. Irrémissiblement engagé, il est contraint de s'allonger en s'amincissant
pour franchir l'ouverture. — L'appareil, monté sur
une forte table, porte le nom de *banc de tirage* ou
de *tréfilerie*. La filière est maintenue entre quatre
montants; le fil de fer qui va subir le passage a

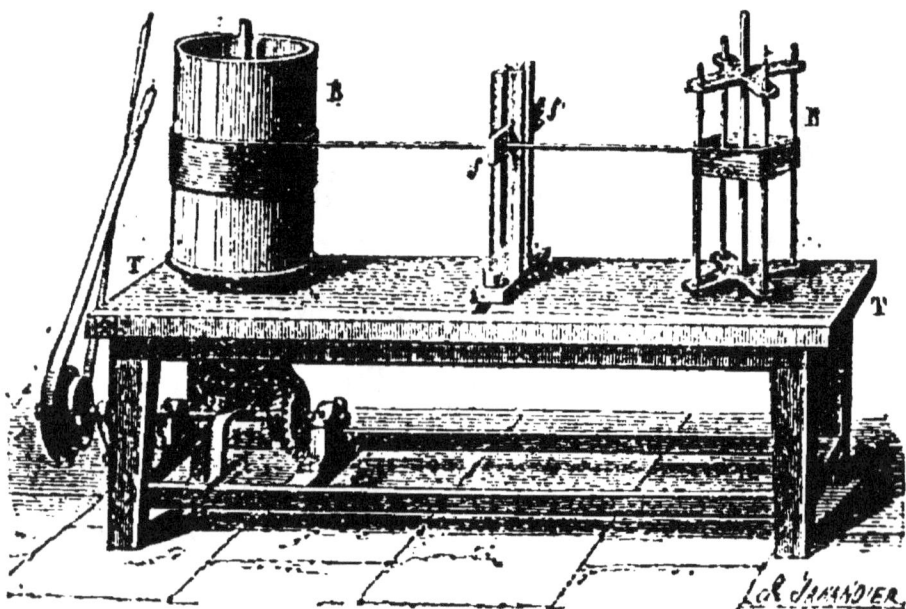

Banc à tirer ou tréfilerie.

été disposé en grosse torsade sur une sorte de dévidoir. L'extrémité du fil engagée dans la filière est
saisie par une pince fixée à une grosse bobine légèrement conique. La machine à vapeur de l'usine,
au moyen d'engrenages convenablement disposés,
fait tourner la bobine; et le fil est contraint de s'y
enrouler en se déroulant de dessus le dévidoir, et
traversant la filière. Le passage achevé, le fil s'est
considérablement allongé en diminuant de diamètre; on recommence immédiatement l'étirage
en le faisant passer par le trou suivant, d'un *calibre* un peu moindre. Mais comme cette opération
écrouit rapidement le fer qui bientôt se romprait

au lieu de s'étirer, après une série de trois ou quatre passages successifs il faut recuire les torsades dans un four dormant. Le fer étant un métal à la fois très-tenace pour résister à la traction, et très-ductile pour s'allonger facilement, on réussit à obtenir par des passages et des recuits multipliés des fils d'une finesse extrême. Le fil ayant acquis le diamètre voulu, si on veut lui ôter la raideur que lui ont donnée les derniers passages à la filière, on lui fait subir un dernier *recuit* avant de le livrer au commerce.

Une grande partie du fil de fer fabriqué est consommé pour faire des *pointes* à menuisier, dites *pointes de Paris*. Le fil de fer *raide* est dressé, coupé par bouts d'égale longueur ; la tête et la pointe sont façonnées par le choc : le tout au moyen d'ingénieuses et rapides machines, dont nous ne pouvons donner ici la description. Un autre débouché considérable à la fabrication des fils de fer est l'effrayante consommation qu'en font les *lignes télégraphiques*. Les fils qu'elles emploient sont *galvanisés*, c'est-à-dire protégés contre l'oxydation par une couche mince de zinc qui prolonge leur durée, et que l'on dépose par une opération tout à fait analogue à l'étamage des tôles.

QUATRIÈME PARTIE

L'ACIER

Composition et propriétés de l'acier.

L'acier n'est pas un métal distinct mais une simple combinaison de fer et de carbone, moins carburée que la fonte. Sous le rapport de sa constitution chimique l'acier est donc intermédiaire entre le fer et la fonte ; il tient aussi le milieu entre l'un et l'autre à l'égard de certaines de ses propriétés. Mais il a en outre ses qualités particulières, qui font de lui l'équivalent d'un nouveau métal, aussi précieux sinon plus précieux que le fer lui-même à son état de pureté. Ce qui constitue l'inappréciable supériorité de l'acier, c'est qu'il peut instantanément échanger tout un ensemble de propriétés contre des propriétés tout opposées et non moins remarquables ; c'est qu'il est susceptible d'affecter deux états caractérisés par des qualités toutes contraires, passant avec la plus grande facilité de l'un à l'autre : à volonté doux ou dur, flexible ou raide, malléable ou élastique ; docile pour subir le travail, ou doué tout à coup d'une résistance héroïque pour garder la forme qui lui a été imposée. Refroidi lentement en sortant de la forge, l'acier se comporte à peu près comme le fer. Il est extrêmement tenace, flexible pourtant ; il se laisse aplatir sous le marteau, étendre au laminoir, étirer à la filière, entamer par la lime ou le burin : en toutes choses cependant moins docile que le fer doux. Refroidi brusquement, par cette opération qu'on nomme la *trempe*, il devient d'une dureté excessive, raide jusqu'à en être cassant, élastique, inattaquable au tranchant de l'outil, mais capable à son tour d'entamer le fer, la fonte, l'acier non trempé. Entre les deux termes extrêmes on peut obtenir toutes les nuances, le dégré d'élasticité, de dureté, qui convient à l'usage auquel on destine l'objet façonné. La *trempe* est la propriété caractéristique de l'acier.

Trempe de l'acier. — L'opération de la trempe est très-simple en elle-même, puisqu'elle consiste à refroidir brusquement l'objet d'acier préalablement chauffé au rouge : ce qui se fait presque toujours en le plongeant dans l'eau froide. Plus l'acier a été

fortement chauffé, plus le liquide dans lequel on le
plonge est froid, en un mot plus le changement de
température est extrême et soudain, plus la trempe
est dure. Mais ces propriétés que la trempe donne
à l'acier, une opération inverse, le *recuit*, peut les
lui ôter. Le recuit consiste à réchauffer fortement
l'acier trempé, pour le laisser ensuite refroidir
tranquillement. L'action du recuit est graduelle :
plus la chaleur que l'acier trempé subit ainsi est
forte, plus les qualités que le refroidissement brusque lui avait données se tempèrent, s'atténuent.
Et si l'acier est réchauffé jusqu'à la température
rouge, il a perdu toute espèce de trempe.

Il suit de ces observations qu'un habile ouvrier
peut, en chauffant le métal à une température plus
ou moins élevée avant de le plonger dans l'eau,
obtenir un degré de trempe différent, selon les exigences du travail. Mais cette appréciation de la température de trempe aurait toujours quelque chose
de vague. Il est plus avantageux de procéder autrement. On donne tout d'abord au métal une
trempe trop forte; puis on en atténue l'effet par
un recuit graduel et ménagé. Nous entrerons plus
loin dans quelques détails sur la pratique des opérations: il ne s'agit ici que du principe. Ce que
nous avons dit des effets du refroidissement lent
ou rapide sur la fonte nous permettra de nous
rendre compte de la trempe de l'acier. L'acier
trempé et l'acier recuit contiennent le carbone à des
états différents. De même que dans la fonte brusquement refroidie, le carbone n'ayant pas le temps
de se séparer reste combiné au fer dans l'acier
trempé, et lui communique au plus haut degré les
propriétés qu'il est dans sa nature de lui donner.
Au contraire, quand l'acier est recuit, la plus grande
partie du carbone se sépare de la combinaison, et
demeure simplement interposée dans la masse,
sans action dès lors sur les propriétés du métal.
— L'acier trempé a une teinte blanche argentine,

l'acier recuit offre une nuance plus grisâtre : effets
analogues à ceux que nous avons déjà observés à
l'occasion de la fonte, et qui s'expliquent de même.
En un mot l'acier trempé est comparable à la
fonte blanche, l'acier recuit à la fonte douce et grise.

Diversité des aciers. — Hâtons-nous d'ajouter
que tous les aciers ne sont pas identiques : tant
s'en faut! Et par suite tous ne se comportent pas
de la même manière à la trempe. Il y a des aciers
qui acquièrent une dureté excessive ; d'autres,
chauffés au rouge vif et plongés dans l'eau la plus
froide, ne *trempent* que très-peu. Cela dépend de la
composition du métal, qui est très-variable. Certains aciers renferment près de 2 0/0 de carbone (1,92), d'autres 1/2 0/0 : l'écart est considérable. Or en général, et abstraction faite de l'action
d'autres substances introduites dans l'acier, plus
le métal est carburé, plus il prend de dureté à la
trempe : chose toute naturelle. Il faut même dire
qu'entre le fer pur et doux et l'acier *sauvage* que
le recuit ramollit à peine, il y a tous les degrés
intermédiaires d'une gradation insensible : fer *fort*,
fer *aciéreux*, avant l'acier proprement dit; puis
pour continuer la série, l'acier *très-doux*, l'acier
doux, l'acier *moyen, demi-dur, dur, très-dur...*
toutes qualités qui trouvent leur emploi et conviennent à des usages divers. En effet rien n'est plus
élastique que cette expression de *bon acier*, fréquemment employée. Les propriétés du métal va-
riant, et beaucoup, selon sa composition et son
mode de fabrication, le meilleur acier, dans un
cas donné, est celui dont l'ensemble des qualités
correspond le mieux aux conditions déterminées de
l'emploi.

Fabrication de l'acier.

*Distinctions des deux méthodes pour la fabri-
cation de l'acier.* — L'acier, disons-nous, est du

fer contenant du carbone, mais en contenant moins que la fonte. De là pour obtenir l'acier deux méthodes dont l'idée se présente spontanément à l'esprit ; ajouter du carbone au fer, en ôter à la fonte : *carburer* le fer, *décarburer* la fonte, et jusqu'au point convenable. Ces deux méthodes sont également praticables. La première méthode de *carburation* (aciérage) *du fer* est en usage depuis la plus haute antiquité. La seconde, la méthode de *décarburation* partielle de la fonte, ne pouvait, bien entendu, être connue avant la fonte elle-même : c'est celle qui tend à prévaloir aujourd'hui.

Fabrication directe de l'acier dans la forge catalane. — Nous exposerons d'abord la première. Mais ici encore et dès l'abord il y a lieu de subdiviser. Le carbone peut être uni au fer au moment même où le fer est produit, dans l'opération qui dégage le métal de son minerai. C'est le procédé primitif, dit *procédé direct.* On peut, au contraire, prendre du fer tout fabriqué et même tout façonné, lui faire absorber la quantité de carbone nécessaire à la transformation en acier : ce procédé porte le nom de *cémentation.*

Le fer chauffé au contact du carbone a toujours tendance à en absorber une certaine quantité. Si dans le traitement du minerai par la *méthode directe* certaines circonstances favorisent cette tendance, le fer, à mesure qu'il se réduit, se carbure, et l'on obtient de l'acier où du moins du fer *aciéreux.* Ainsi au foyer de la *forge catalane* en modifiant quelque peu la marche de l'opération, un forgeron expert peut obtenir à volonté du fer *doux*, c'est-à-dire pur, du fer *fort*, c'est-à-dire légèrement carburé, ou de l'acier. Observons en passant que ces circonstances favorables à la carburation immédiate du fer ont dû nécessairement se présenter accidentellement dans le travail irrégulier et avec les fourneaux rudimentaires usités dans les temps antiques : on ne concevrait pas même qu'elles ne se fussent présentées souvent. Voilà pourquoi il est difficile d'admettre que les hommes aient longtemps travaillé le fer sans avoir rencontré l'acier ; et par suite ils ont dû, dès une époque très-reculée, reconnaître les qualités du métal accidentellement obtenu, et tenter de les reproduire. Il est bien évident d'ailleurs que les propriétés de ces aciers primitifs devaient participer de la chanceuse irrégularité des procédés de fabrication. Cela est tellement vrai qu'au creuset de la forge catalane, appareil relativement perfectionné, malgré la longue expérience et la routine minutieusement traditionnelle, il ne laisse pas que d'y avoir quelque incertitude et quelque variabilité dans les produits. Assez souvent une partie du *massé* est aciéreuse, tandis que le reste offre les propriétés du fer doux.

En parlant du haut-fourneau nous avons fait observer qu'une haute température facilite beaucoup la combinaison du fer et du carbone ; d'autre part, à l'occasion de l'affinage, nous avons pu voir comment un courant d'air rapide lancé directement sur le métal et la présence des scories contenant de l'oxyde de fer avaient pour effet de décarburer le métal en brûlant son carbone. Nous serions donc en mesure de prescrire à l'ouvrier ce qu'il doit tenter de réaliser s'il veut obtenir de l'acier : produire une température élevée, prolonger l'opération, éviter l'action oxydante du vent directement lancé sur la masse, éviter l'influence des scories. Mais le vieux forgeron routinier n'a pas besoin qu'on le lui apprenne. Quand il travaille en acier il charge son foyer d'une quantité plus considérable d'un charbon dur et dense ; il met moins de minerai. Il diminue vers la fin de l'opération la force du vent, et évite de présenter le métal au jet d'air de la tuyère : il fait écouler les scories à mesure qu'elles se produisent, au lieu d'y laisser baigner la masse métallique spongieuse. Le fer se carbure à mesure qu'il se réduit. Tous les minerais qui

peuvent être traités dans le foyer catalan ne sont
pas également propres à la production de l'acier;
les meilleurs sont les minerais *manganesifères*
(contenant du *manganèse*). Le manganèse uni au
fer en minime proportion facilite la combinaison
du carbone et rend sa séparation plus difficile; sa
présence est donc éminemment favorable à la production de l'acier.

Corroyage de l'acier de forge. — L'acier produit directement dans le foyer de la forge catalane
n'est pas très-fortement carburé : c'est un *acier
doux*, dont la dureté serait insuffisante pour certains emplois, mais qui convient parfaitement pour
la fabrication des instruments agricoles. De plus le
métal n'est pas *homogène;* certaines parties du
massé sont plus fortement aciéreuses, d'autres
moins; d'autres ne sont guère que du fer. Pour
obvier à cet inconvénient le forgeron étire, sous le
marteau de la forge, sa loupe en longues barres,
qu'il *trempe* ensuite fortement. Les diverses parties des barres prennent alors une dureté différente suivant leur nature plus ou moins aciéreuse.
L'ouvrier brise ces barres en moyens fragments;
à leur manière de rompre, à l'aspect, au *grain* de
la cassure, il apprécie leurs qualités. Il fait alors un
choix parmi les fragments; il les assortit convenablement et en forme de petits paquets, qui réchauffés au rouge blanc sur le foyer seront soudés
et étirés à nouveau sous le marteau. Par cette opération du *corroyage* les parties inégalement carburées sont pour ainsi dire boulangées ensemble;
le carbone se répartit plus uniformément dans la
masse, et le métal devient suffisamment homogène pour les usages auxquels il est destiné.

La cémentation. — Le second procédé de la méthode *par carburation du fer* consiste, avons-nous
dit, à combiner du carbone au fer tout fabriqué ou
même ayant déjà reçu sa forme définitive. Cette
opération, nommée *cémentation* et pratiquée de

temps immémorial, consiste à chauffer longuement
et fortement le métal en contact avec des matières
charbonneuses, de telle sorte que le carbone y pénètre et s'y associe.

On a observé que le *carbone* pur se combine difficilement au métal. Pour obtenir une bonne cémentation, il est avantageux que le *cément* con-

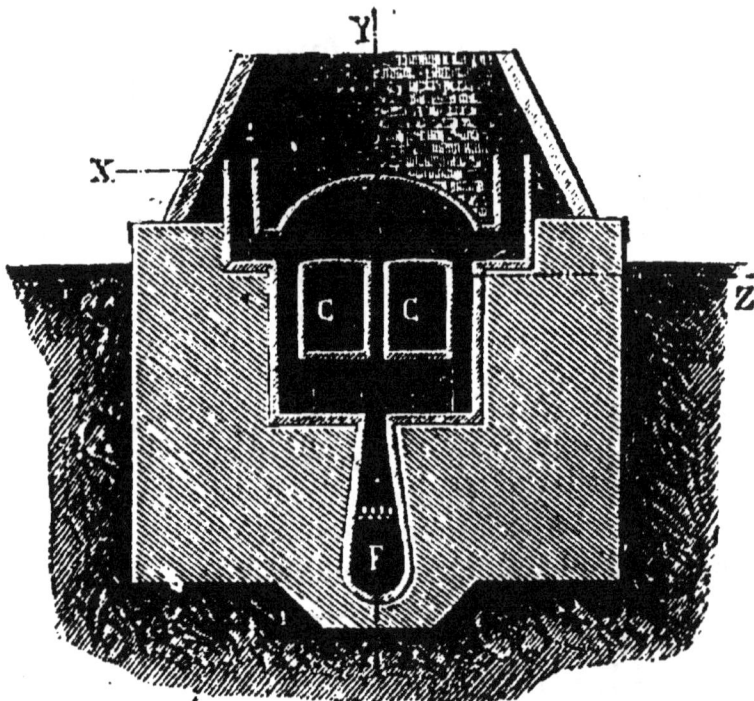

Coupe transversale d'un four à cémentation. — F, foyer. — C, C,
caisses. — X, conduits de dégagement des produits de la combustion. — Y, cheminée qui se prolonge en forme de cône ouvert au
sommet.

tienne, en même temps que le carbone, de petites
quantités de matières *azotées* (renfermant de l'azote
en combinaison avec le carbone) et une matière
alcaline, potasse ou soude. Les réactions qui se
produisent sont trop complexes pour être exposées
ici; en définitive elles ne font que faciliter la péné-
tration du carbone dans le métal; et à la rigueur
on pourrait se passer de leur secours. Le charbon

de bois ordinaire contient assez de potasse et assez d'azote (interposé dans ses pores) pour former à lui seul un bon *cément*. Si on y ajoute des matières *animales* carbonisées, telles que du charbon d'os (dit *noir animal*), des rognures de cuir, ou bien encore de la *suie*, on rendra la cémentation plus rapide et plus énergique.

Pour fabriquer de l'acier de cémentation on prend du fer en barres minces et étroites. On le dispose par *lits* (couches) alternatifs avec le cément de charbon de bois pulvérisé dans de longues caisses en briques, à l'intérieur d'un vaste four nommé *four de cémentation*. Les caisses sont exactement closes, puis le four est rapidement porté à la chaleur du rouge vif; et cette température est maintenue pendant 8, 10, 15 jours, ou même davantage.

Le carbone pénètre dans les pores dilatés du métal; il s'y combine. La carburation gagne de proche en proche, à partir de la surface vers le centre des barres. Au bout du temps jugé convenable on laisse tomber le feu; on ouvre la caisse et *défourne* les barres. Le métal est transformé en acier. Il a augmenté d'un centième en poids, ou un peu plus; sa surface est souvent criblée de petites bulles ou ampoules qui, dit-on, lui ont fait donner son nom d'*acier poule*.

Comme vous le pensez bien, ce métal n'est nullement homogème. Les parties extérieures, en contact avec le cément, sont beaucoup plus carburées que la partie centrale de la barre. Pour lui donner une *homogénéité* suffisante, il faudra lui faire subir un ou plusieurs corroyages.

Propriétés des aciers cémentés. — Rappelons d'ailleurs ici ce que nous avons déjà indiqué précédemment : la qualité de l'acier produit dépend de celle du fer employé. Tant vaut le fer, tant vaut l'acier. Les fers très-purs, exempts de soufre et de phosphore, ceux surtout qui contiennent du manganèse, donneront d'excellents aciers; les fers médiocres cémentés fourniront des aciers inférieurs. Les aciers les plus fins destinés aux usages délicats sont fabriqués avec les meilleurs *fers au bois* de la Suède. L'acier cémenté en barres reprend, après un corroyage prolongé, la forme de barres pour être livré au commerce.

L'inégalité de carburation du métal qui sort des *caisses à cémentation* n'est pas toujours un incon-vénient. Dans certains cas il suffit, ou même il est avantageux qu'une pièce soit fortement aciéreuse à sa surface, tandis que la partie centrale sera à peine atteinte. C'est ainsi qu'on peut avantageusement cémenter les rails de fer pour leur communiquer une résistance à l'usure comparable à celle des rails tout en acier. Cette application tend, du reste, à se généraliser.

L'acier, d'ailleurs, est plus dur et plus difficile à travailler que le fer. On a donc tout avantage à fabriquer *en fer* certains objets, et à leur communi-quer par une cémentation postérieure les pro-priétés et la résistance de l'acier. Cette cémentation d'objets de fer tout façonnés porte le nom de *trempe en paquets.* Elle est du reste très-facile.

La trempe en paquets. — Les objets à cémenter sont chargés dans des caisses closes avec un cé-ment très-énergique : charbon animal, rognures de peaux, *savates brûlées* (c'est le terme), suie et autres matières analogues (*azotées* et contenant des *alcalis*). L'opération dure plus ou moins longtemps, suivant l'épaisseur des objets, et la profondeur à laquelle on veut que la carburation pénètre. Les objets cémentés et encore rouges sont immédiate-ment trempés dans l'eau froide.

La *trempe en paquets* s'emploie ordinairement pour des produits de quincaillerie et de serrurerie commune. Il va sans dire que les pièces ainsi acié-rées, parfaitement suffisantes pour certains usages, ne sont nullement à comparer avec les objets fabri-qués directement en acier fin.

Toute matière pouvant céder du carbone au fer constitue un cément. Ainsi on a pu obtenir d'excellent acier à grain fin en chauffant au rouge très-vif dans un creuset des plaques minces de bon fer au milieu de *tournure* ou de limaille de *fonte grise*. La fonte, surchargée de carbone, en cédait une partie au fer et le convertissait en acier, auquel un corroyage subséquent pouvait communiquer l'homogénéité nécessaire. Ce procédé, quoiqu'il n'ait pas encore reçu d'application très-étendue, est en lui-même remarquable. Il le deviendra surtout pour nous quand nous aurons lieu de le comparer avec une opération inverse qui, elle, s'est acquise une réelle importance dans la pratique industrielle.

Affinage pour acier au petit foyer. — En regard de la méthode de carburation du fer, mettons maintenant la méthode inverse de décarburation de la fonte. De quoi s'agit-il ici? d'enlever à la fonte non pas tout son carbone, mais une partie seulement. En un mot, l'opération consistera en un *affinage incomplet*. Nous devons donc nous attendre à nous retrouver ici en face d'appareils et de procédés tout semblables à ceux que nous avons vus servir à la décarburation totale de la fonte; il ne s'agira que de modérer l'action de l'oxygène et surtout de s'arrêter à temps.

Voici en effet l'*affinage pour acier au petit foyer*, correspondant exactement à l'affinage pour fer au foyer comtois. L'appareil est le même, à quelques détails près; l'opération diffère peu. On affine de préférence la fonte *blanche;* qu'elle soit bien pure, aussi exempte que possible de soufre, de phosphore, voilà le point essentiel. Quelquefois on lui aura fait subir un *mazéage* préalable, absolument comme s'il s'agissait d'obtenir du fer. — Le feu est allumé; on donne le vent. La fonte rougit, blanchit, coule; les scories recouvrent le métal en fusion au fond du creuset. La fonte s'affine, c'est-à-dire que son silicium et son carbone brûlent.

Mais comme il faut ménager la réaction, on évitera, en relevant la tuyère, que le jet d'air frappe trop vivement sur le métal fondu. Pour la même raison on ne fera pas de *soulèvement* pour présenter le métal au jet d'air oxydant. Dans de pareilles conditions la décarburation marche lentement ; elle dure 20 ou 30 heures parfois. La quantité de combustible dépensé est énorme : et c'est du charbon de bois. Le métal subit un déchet d'un quart, d'un tiers quelquefois. — De temps en temps le forgeron écarte un peu les charbons, jette un regard au métal, le tâte de son ringard, examine les scories. A la consistance plus ou moins pâteuse de la masse, à une certaine couleur rougeâtre caractéristique qu'il prend, à l'aspect des parcelles métalliques qui s'attachent au ringard — signes bien vagues d'appréciation, pourtant, — le praticien juge que la décarburation est poussée assez loin : affaire d'expérience et de coup d'œil. Il fait couler les scories ; il forme vivement la *loupe*. Cette loupe d'acier est immédiatement cinglée sous le marteau, puis étirée au martinet ou au laminoir, en longues barres plates et étroites.

Mais comme il est possible en une telle opération que la loupe soit également décarburée dans toutes ses parties, l'acier obtenu n'est pas assez homogène. Le remède, nous le connaissons. Les barres doivent être triées, assorties ; on leur fera subir un, deux, trois corroyages suivant les exigences, suivant l'usage auquel est destiné le métal. Les corroyages réitérés et un vigoureux martelage améliorent la qualité de l'acier, mais font subir à chaque fois un déchet d'un dixième et même plus.

Inconvénients de la méthode d'affinage pour acier au petit foyer. — On voit du premier coup d'œil les inconvénients de ce procédé : ce sont les mêmes que nous avons reconnus à l'affinage pour fer au petit foyer. Mais la qualité des produits, qui du reste dépend absolument de l'habileté du forge-

ron et de ses soins, est généralement bonne; l'étr-
blissement est d'une très-grande simplicité, et cela
compense en partie les causes d'infériorité. La fabrication de l'*acier de forge* se maintient encore en
face des procédés plus perfectionnés, surtout en
certaines régions. La Silésie, la Westphalie, le Ty-
rol, la Carniole et la Carinthie, les Apennins produisent ainsi d'excellents aciers, très-appréciés dans
le commerce. Les aciers de forge suédois doivent
leur supériorité incontestée aux excellentes *fontes
au bois* dont ils proviennent. En France nous re-
marquerons dans l'Isère les *feux rivois*, simple
variante des procédés que nous venons de décrire.
Mais les forges à acier de la Marche offriront à
notre observation une pratique intéressante. Là
on ajoute environ un tiers de ferraille à la fonte en
fusion au fond du creuset. Un partage s'établit
entre le fer et la fonte, l'un prend du carbone et
l'autre en abandonne; puis tout se fond ensemble
et se mélange; ce qui produit un métal de teneur
moyenne en carbone : ingénieux procédé qui abrége
considérablement l'opération, et contient en germe
un perfectionnement important aux méthodes ac-
tuelles. Les *feux rivois* des foyers de la Marche et
des Ardennes fournissent surtout des aciers doux,
convenables pour la fabrication des instruments
agricoles.

L'acier puddlé. — Les grandes aciéries modernes ont partout remplacé l'affinage au petit
foyer par le *puddlage*. Ici encore nous nous retrouvons en face d'un procédé déjà étudié par nous à
propos de l'affinage pour fer : c'est logique. Le
four bouillant pour acier diffère très-peu du four
à puddler ordinaire; la question est encore cette
fois de modérer l'oxydation et d'arrêter le travail
juste au moment convenable.

La sole est encore ici recouverte de scories ferrugineuses et de battitures recueillies sous les marteaux. La fonte qui doit être une bonne fonte ma-

gnésifère et très-carburée, est introduite quand le *lit* de scories entre déjà en fusion pâteuse. Les flammes du foyer s'abattent sur la charge. La fonte rougit, coule, s'oxyde; le *bouillonnement* (dégagement d'oxyde de carbone) se produit comme dans le puddlage pour le fer. Le puddleur brasse la masse avec son ringard, et jette de temps en temps par la porte du four des scories pilées, des battitures, de l'*oxyde de manganèse* [1], du sel marin, du *spath fluor* [2] : toutes substances qui favorisent l'oxydation et le départ du *silicium* contenu dans la fonte.

Au bout de deux heures environ le métal s'est épaissi; il se forme des grumeaux en *têtes de chou-fleur;* le crochet du puddleur rencontre une résistance plus grande, et de nombreux points étincelants *piquent* le bain de scories devenu d'un blanc jaunâtre. A ces signes qu'une longue pratique permet d'apprécier, le puddleur juge que l'affinage a atteint le point convenable; il fait tomber un peu la flamme en modérant le tirage; puis avec son ringard il commence à faire les loupes ou *balles*. Un four ordinaire fournit la matière de 6 balles, représentant environ 180 kilos d'acier. Celles-ci sont enlevées immédiatement, puis fortement cinglées sous le marteau, réchauffées ensuite, enfin étirées au laminoir. Le réchauffage des loupes cinglées se fait dans un four spécial, ou mieux encore sur la sole même du four à puddler, pendant les premières phases de l'opération suivante, ainsi qu'il se pratique à Firminy (Loire).

L'acier ainsi produit porte le nom d'*acier puddlé*. Sa qualité, comme toujours, dépend de la qualité

---

1. *Bioxyde de manganèse*, minéral très-commun, en poudre ou en fragments, noirâtre, contenant beaucoup d'oxygène et le cédant facilement.
2. *Fluorure de calcium*, minéral commun, excellent fondant.

des fontes employées, et par conséquent du minerai
qui a fourni les fontes. Avec d'excellentes fontes au
bois on fabriquera des aciers fins; avec de bonnes
fontes au coke, le puddlage permet d'obtenir éco-
nomiquement des aciers de qualité *courante*, dont
l'industrie fait une énorme consommation.

Fonte malléable. — Nous avons pu remarquer
que les procédés de décarburation correspondent,
par contraste, aux procédés de carburation. Ainsi
la cémentation est précisément l'inverse de l'affinage; et, comme pour compléter ce parallèle d'op-
position, nous devons mettre en présence de la cémentation des objets tout façonnés ou *trempe en
paquets*, la décarburation partielle de la fonte moulée sous sa forme définitive. La fonte se transforme
ainsi en une sorte d'acier inférieur et sans homogénéité. La *fonte malléable*, tel est le nom donné
à ce produit, dont la connaissance est attribuée à
Réaumur.

De même qu'une pièce de fer se cémente quand
on la chauffe au rouge blanc entourée de tournure
de fonte qui lui cède de son carbone, par l'effet
inverse du même principe d'échange et de répartition, des objets de petites dimensions chauffés au
milieu de la limaille de fer se décarburent au profit
de cette limaille. On réussira de même à décarburer
superficiellement la fonte moulée non plus en lui
faisant céder son carbone à du fer, mais en le lui
brûlant : ce qu'on obtiendra en chauffant les pièces
de fonte dans une caisse remplie d'oxyde de fer
pulvérisé (hématite rouge). Cet affinage incomplet
et sans fusion qui se propage, comme la cémentation, de la surface au centre, a pour effet d'ôter à
la fonte avec son excès de carbone, son aigreur, sa
dureté qui la rend fragile et rebelle. La *fonte malléable* s'aplatit sous le marteau avant de s'écraser;
sa surface se laisse facilement entamer par la lime
ou le burin.

Les propriétés de la fonte malléable la rendent

propre à certains usages. Son emploi tend à se généraliser, à prendre dans l'industrie une grande
place — une place trop grande. En effet, il est fâ-
cheux de voir substituer, par une économie mal
entendue, dans la quincaillerie et la serrurerie communes, la fonte malléable, métal, à tout prendre, de
qualité fort inférieure, au fer fort, à l'acier, ou au
fer cémenté en paquets.

Décarburation superficielle de l'acier. — Un
procédé tout semblable à celui qui produit la fonte
malléable est avantageusement employé pour décarburer partiellement des aciers intraitables, trop
durs, trop fortement chargés de carbone.

Enfin on a fait de ces mêmes moyens une intéressante application à l'art de la gravure sur acier.
La *planche* (plaque mince) d'acier est trop dure; le
burin l'entame difficilement. Pour obvier à cet
inconvénient on la fait chauffer au rouge vif pendant quelque temps, après avoir recouvert sa surface d'une couche de limaille de fer. La planche
s'adoucit, se *désacière* superficiellement et devient
plus docile; l'artiste y creuse alors les *tailles* (sil-
lons) différemment espacées, diversement profondes
et larges, où doit se loger l'encre grasse que le
tirage transportera sur le papier. La gravure achevée, il importe de restituer à la planche la dureté
qui lui permettra de résister à l'usure. On y arrivera par l'opération inverse, c'est-à-dire par une
cémentation superficielle qui rendra du carbone à
la surface adoucie. Ce sera une simple *trempe en
paquets*, mais exécutée avec les soins et précautions
que la délicatesse d'une œuvre d'art exige. Nous
avons cité cette intéressante application parce que
ces deux opérations contraires : *affinage* et *cémentation*, successivement exécutées en petit sur une
même surface, nous paraissent offrir une des plus
curieuses démonstrations de la chimie métallurgique.

L'acier fondu.

But de la fusion de l'acier. — Préparé par voie d'affinage ou de cémentation à l'aide des procédés que nous venons d'esquisser, l'acier nous a toujours été fourni en masses inégalement, irrégulièrement carburées ; et pour lui donner une texture plus homogène, il nous a fallu recourir aux *corroyages*. Mais ce pétrissage, quelque prolongé qu'on le suppose, n'arrivera jamais qu'à un mélange incomplet. Si nous avons besoin d'un métal parfaitement homogène, il nous faut recourir à l'*acier fondu*.

L'acier fondu n'est pas un composé de nature spéciale, obtenu par une méthode de production particulière. C'est purement et simplement de l'acier fabriqué par les voies et moyens ordinaires, que l'on fond ensuite pour arriver à un mélange complet de toutes les parties, à une égale répartition du carbone. La *fusion* remplace les *corroyages*. Mais l'emploi de ce moyen radical assure au produit des propriétés précieuses.

Le métal destiné à la fusion est presque toujours un bon acier de cémentation. Les barres cémentées sont trempées, puis brisées en menus fragments. Ces fragments, dont la nature plus ou moins aciéreuse se révèle par l'aspect de leur cassure, vont être soigneusement assortis. Ce triage permettra d'obtenir par la fusion un métal d'une composition prévue, déterminée à l'avance : important avantage du procédé.

La fusion de l'acier. — L'acier se fond dans des creusets fermés, chauffés dans un fourneau spécial dit *fourneau à vent*. Comme il était facile de le prévoir, l'acier exige pour se fondre une température moins extrême que le fer, plus élevée que la fonte. Pour résister à cette chaleur excessive, les creusets doivent être formés d'une matière très-réfractaire. On en fait en argile ; les meilleurs sont formés de *plombagine* (mine de plomb, *graphite*) mélangée avec une certaine proportion d'argile cuite, provenant de débris d'anciens creusets; ils sont munis de couvercles de même matière, fermant exactement. Leur fabrication exige des soins extrêmes; la matière doit être mélangée parfaitement, moulée par une forte pression dans des moules résistants; puis les creusets doivent passer

Coupe d'un fourneau à vent pour la fusion de l'acier à la houille. — F, foyer. — V, orifice d'un conduit venant du ventilateur. — C, C, C, creusets posés sur la sole. — G, conduit aboutissant à la cheminée.

deux ou trois mois au séchoir; enfin ils subiront une *cuisson* ménagée. Malgré l'extrême résistance qu'ils opposent à l'action du feu, ces creusets ne peuvent servir qu'une seule fois. Chaque creuset doit contenir 20 ou 30 kilogr. d'acier, 40 au plus. Un fourneau, suivant sa forme et ses dimensions, contient de 2 à 9 creusets semblables.

Le fourneau de fusion est quelquefois chauffé au coke; et alors les creusets sont posés sur la grille, au sein même de la masse incandescente. Le plus souvent on emploie la houille; dans ce cas les creusets doivent être isolés du combustible, et chauffés par la flamme seule.

Le feu est allumé. Les creusets chargés, fermés de leurs couvercles, ont été mis en place par rangs alternés. La flamme, appelée par un violent tirage, circule entre les creusets et les lèche de ses langues ardentes, avant de se précipiter dans l'étroit conduit qui aboutit à la cheminée. La combustion peut être activée, s'il est nécessaire, par un *ventilateur*. De demi-heure en demi-heure, le fondeur *pique la grille*, c'est-à-dire excite le foyer en remuant le combustible avec un crochet de fer. La chaleur devient extrême; les creusets, chauffés au blanc éblouissant, se ramollissent quelquefois et s'affaissent un peu sous le poids de leur charge. Le métal entre graduellement en fusion : vers la quatrième heure on procède à la coulée.

L'ouvrier débouche la voûte du four. Debout sur l'étroite plate-forme, il enfonce dans ce cratère ouvert à ses pieds une lourde pince de forme spéciale, saisit un creuset et le ramène. Pendant ce temps son aide armé d'une torche goudronneuse *flambe* l'intérieur du moule de fer appelé *lingotière*, où le métal va être versé. On incline le creuset sans le déboucher; l'acier en fusion se déverse par une échancrure pratiquée au bord du couvercle. S'il s'agit d'obtenir une masse d'un volume considérable, la lingotière, de dimensions proportionnées, devra recevoir le contenu de plusieurs creusets. La lingotière étant aux trois quarts remplie, on pose sur le métal coulé une sorte de lourd bouchon de fonte (*obturateur*) qui ferme le moule, comprime, refroidit et fait figer immédiatement la surface. Cette pratique a pour effet d'empêcher des *bulles* de se former à l'intérieur du *culot* d'acier pendant le refroidissement. — Les lingots un peu refroidis, solidifiés mais encore rouges, peuvent être extraits immédiatement et portés sous le marteau ou au laminoir.

Fusion et coulage de grosses pièces d'acier. — On ne se contente plus aujourd'hui de fondre des lingots destinés à être transformés en barres : on coule d'un seul jet des masses énormes de métal. Les résultats sont tels qu'ils eussent paru des rêves il y a seulement vingt années.

En France, en Angleterre il y a de telles usines où l'on obtient à la coulée des pièces d'acier d'un poids effrayant. Mais la plus célèbre en ce genre est la grande aciérie d'*Essen* où le fameux M. Krupp fond ses formidables canons. Ces merveilleuses coulées méritent d'arrêter un instant notre attention.

Ce n'est pas que M. Krupp ait, comme on l'a dit, une méthode à lui, un *secret*, un procédé métallurgique nouveau. A Essen, l'acier est produit, puis fondu en creusets suivant les méthodes ordinaires [1]. Ce qui est vraiment remarquable c'est l'établissement, l'outillage, l'organisation, qui permettent d'arriver à de tels résultats. — Une halle immense contient, rangés le long de ses murailles, un grand nombre de *fourneaux à vent*, qui peuvent chauffer ensemble jusqu'à 1200 creusets. Les massifs des fourneaux sont pour ainsi dire ensevelis ; les grilles s'ouvrent dans un sous-sol où se tiennent les chauffeurs, les plates-formes des fourneaux sont à peu près au niveau du sol de la halle. Quand on veut couler de ces grosses pièces qui pèsent 10,000 ou 20,000 kilogrammes, tous les fourneaux, *mis en feu* à la fois, sont conduits de telle sorte que la fusion arrive partout à point au moment

---

1. L'acier fortement carburé en fragments est mêlé de plaquettes de fer manganésifère : la répartition du carbone se fait pendant la fusion.

convenable. Au centre de la halle est disposé le moule, à demi enterré dans le sol; au-dessus l'immense poche ou *cuvette centrale* qui doit recevoir le contenu de tous les creusets. Il importe que le métal y soit versé sans interruption ni délai; l'opération exige pour réussir un ensemble, un ordre parfait, une grande rapidité de manœuvre. Au moment de la coulée 400 hommes sont de service à la fois, prêts à marcher au signal comme des soldats à l'exercice : chacun sait d'avance quels mouvements il a à faire. Un fourneau est ouvert : les creusets, retirés un à un, sont enlevés, transportés; puis ce sera le tour du fourneau suivant. La manœuvre s'accomplit sans hésitation ni retards ; les creusets arrivent à la file, sans interruption, se déversent l'un après l'autre dans plusieurs canaux qui se rendent tous à la poche; puis, pour éviter l'encombrement, chaque creuset vidé est immédiatement précipité par une large trappe, dans une cave située au-dessous. — Quand le flot incandescent s'est étendu et calmé dans le réservoir central, on ouvre une sorte de soupape pratiquée à son fond ; et l'effroyable bol de feu liquide s'écoule dans le moule comme par un entonnoir. Au bout de quelques heures de refroidissement la pièce, solidifiée mais encore ardente, est dégagée : on l'arrache du moule avec une puissante grue. Le plus souvent la pièce n'est pas immédiatement soumise au travail du marteau. On la dépose alors sous un hangar spécial, dans une sorte de case en brique; on l'entoure de toute part de cendres brûlantes et de menus charbons qu'on entretient incandescents. Elle attendra ainsi sans se refroidir des jours, des semaines, des mois entiers, le moment où elle sera portée à la forge. On a ainsi obtenu à Essen des masses d'acier fondu pesant 37,000 kilos : les plus grosses pièces fabriquées jusqu'ici.

Fusion de l'acier au four à réverbère. — Dans

quelques usines modernes on a substitué au procédé coûteux et compliqué des creusets la fusion de
l'acier en masse sur la sole profonde d'un vaste
four à réverbère analogue à celui que l'on emploie
pour la 2ᵉ fusion de la fonte. Pour éviter que le
métal ne subisse une oxydation, une sorte d'affinage qui altérerait sa nature, on ajoute aux fragments d'acier étalés sur la sole une couche de *verre
à bouteille* et de scories de haut-fourneau au bois.
Cette sorte de laitier se liquéfie, et forme sur la
belle nappe incandescente du métal fondu une couche fluide qui le protége du contact de la flamme
et de l'action de l'oxygène. On peut ainsi fondre
une charge de plusieurs tonnes sans altérer la composition ni les propriétés du métal.

Les aciers d'Orient. — Imaginez maintenant
que la réaction qui produit l'acier, *cémentation* ou
affinage, et la fusion qui a pour but de lui donner
une homogénéité parfaite, au lieu de se faire en
deux opérations distinctes, soient réunies, et forment pour ainsi dire deux phases successives d'une
même opération : vous aurez toute l'économie des
procédés qu'il nous reste à décrire. Une telle manière de procéder n'est du reste pas nouvelle ; elle
est pratiquée dans l'Inde depuis une haute antiquité. Le célèbre acier dit *Wotz*, à l'aide duquel
on fabriquait en Orient ces lames sans pareilles,
ces lames légendaires qu'on nommait *lames de
Damas*, était et est encore obtenu ainsi. Arrêtons-
nous un instant aux détails de cette fabrication,
détails curieux et peu connus. Nous y retrouverons
cet étrange et pittoresque assemblage de procédés
grossiers, primitifs, empiriques, et de précautions
minutieuses qui caractérisent l'antique industrie.

Le forgeron hindou s'est d'abord procuré du
fer très-doux et très-pur, en traitant d'excellent
minerai par les procédés que nous avons décrits, et
sur lesquels nous ne reviendrons pas. Le fer, forgé
en barres minces, est ensuite divisé à la *tranche*

en petites plaquettes. On va procéder à la cémentation.

Dans un tout petit creuset d'argile réfractaire
mêlée de paille de riz hachée, on introduit d'abord
500 grammes de fer en plaquettes, et 50 grammes
de bois sec coupé menu. On recouvre ensuite la
charge de deux ou trois feuilles vertes de liseron
bleu, *convolvulus ipomea*, ou d'une autre plante
sarmenteuse, *l'asclepias gigantea*. Cela fait, on
achève de remplir le creuset avec de l'argile fortement tassée, ce qui forme une sorte de couvercle
ou *obturateur* fermant exactement. 20 ou 25 creusets semblables sont empilés dans un petit fourneau chauffé au charbon de bois. Un violent tirage
active la combustion et fait atteindre une haute
température. Le fer rougit ; au contact des matières
charbonneuses il se cémente : puis l'acier produit
fond. Au bout de deux heures et demie environ le
fondeur fait tomber le feu. Les creusets sont extraits,
on les laisse refroidir, puis on les brise. On trouve
au fond de chacun un petit culot d'acier dont la
surface est sillonnée de stries rayonnantes, indices
d'une opération parfaitement réussie. — Tant de
soins et de peines aboutissent à la production d'une
dizaine de kilogrammes d'acier ! Il est vrai que
c'est de l'acier de qualité exceptionnelle ; mais
c'est plus encore à l'excellence du minerai qu'au
procédé de traitement qu'il doit cette supériorité.

L'acier Wotz est d'une finesse extrême, élastique ;
il prend admirablement la trempe et donne aux
lames un tranchant vif ; mais il est délicat à travailler. On est arrivé en Occident à produire un
métal doué de qualités analogues en associant au
fer des traces de certains métaux ; mais le procédé
qui réussit le mieux, le seul qui soit *industriel*
consiste à fondre en creusets des plaquettes de fer
mélangées à une proportion donnée de suie : méthode tout à fait analogue, du reste, au procédé
indien. Il vaut mieux encore fondre en creusets

couverts un mélange en proportions déterminées
de fer très-doux et d'excellente fonte manganésifère.
Le partage du carbone entre le fer et la fonte se
fait ainsi que nous l'avons expliqué ci-dessus ; l'a-
cier — chose curieuse — est ainsi produit à la fois,
et dans le même creuset, moitié par cémentation,
moitié par affinage. De plus, le produit de cette
double opération étant immédiatement fondu, la
répartition s'égalise par un mélange intime. Ce
dernier procédé par lequel on obtient un métal très-
fin et très-homogène tend à se généraliser dans
l'industrie des *aciers fondus*. Elle est pratiquée en
grand dans quelques usines, où ses produits portent le nom d'acier *Martin*.

Le métal Bessemer. — Opérons maintenant par
affinage et *fusion* simultanée. Imaginons que la
fonte, à mesure qu'elle se décarbure, au lieu de
passer à l'état pâteux comme dans le four à puddler,
soit maintenue en complète fusion par une chaleur
croissante ; nous aurons le principe du fameux procédé dit *procédé Bessemer*. Ici la forme et la disposition des appareils ont un caractère d'origina-
lité saisissant : la marche de l'opération présente
des phénomènes intéressants au plus haut degré.
La fabrication de l'*acier Bessemer* est en outre
le plus splendide spectacle que puisse offrir cette
lutte du fer et du feu qu'on appelle le travail métallurgique. La production du *métal Bessemer*
prend chaque jour plus d'importance, tant en France
qu'à l'étranger ; la disposition des appareils et la
conduite du travail subissent, suivant les localités,
de légères variantes. Nous allons décrire l'opération telle que nous l'avons vue pratiquer à la belle
usine de *Séraing*, près Liége (Cockeril et Cⁱᵉ), où
la bienveillance du directeur nous a permis d'en
faire une étude détaillée.

Conversion de la fonte. L'appareil Bessemer.
— Figurez-vous un vaste et profond *récipient* en
tôle très-forte, offrant à peu près la forme de ce

que le chimiste appelle la *panse* d'une *cornue*.
L'intérieur de cette cornue est doublé d'une épaisse
couche d'argile destinée à protéger les parois. L'ap-

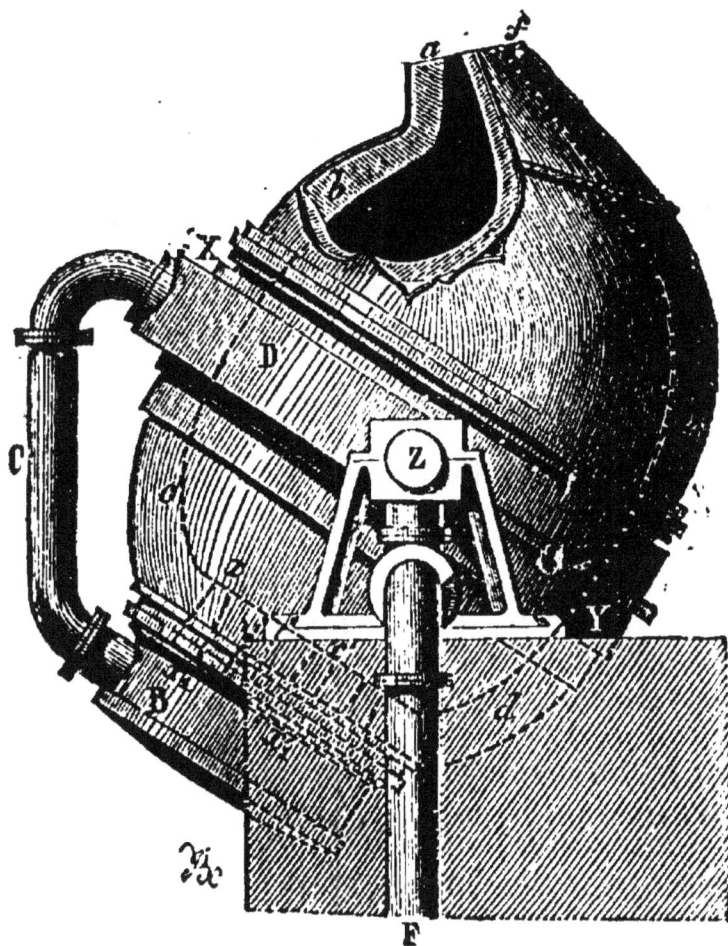

F, tuyaux amenant le vent forcé à l'axe creux du convertisseur Z. —
D, conduit embrassant la convexité du convertisseur, conduisant le
vent de Z au tuyau X, C, B. — B, boîte à vent inférieure, d'où
l'air s'élance dans la cavité intérieure par les petits tuyaux indiqués en *x*, *x*. — *a*, *b*, *f*, col rétréci du convertisseur, supposé
coupé pour montrer sa forme et la couche d'argile qui revêt tout
l'intérieur du convertisseur.

pareil, que l'on nomme *convertisseur, récipient*
ou *cornue*, est mobile sur un axe horizontal, ce
qui permet de l'incliner et de le relever à volonté.

Les *tourillons* (bouts d'essieu) qui supportent le convertisseur sont creux ; ils communiquent avec un gros tuyau amenant le vent d'une puissante machine soufflante. Des tourillons creux, le courant d'air passe par un conduit qui embrasse les flancs de l'appareil ; de là par un autre tuyau recourbé il arrive à la partie inférieure dans une sorte de boîte à air adaptée sous le récipient. Cette boîte communique avec le fond de la cornue par l'intermédiaire d'un grand nombre de petits tuyaux de terre très-réfractaire, de 1 centimètre de diamètre intérieur ; ou plutôt ce sont ces tubes qui, plantés perpendiculairement et serrés les uns contre les autres, constituent le fond de la cornue, ainsi tout percé à jour. De la sorte le vent amené par le conduit bizarrement contourné dont nous avons parlé, s'élance dans l'intérieur du récipient comme par une multitude de petites tuyères.

Représentez-vous un de ces appareils domestiques à faire le café, que nos ménagères appellent une *grecque*. Le filtre, où l'on met le café, et dont le fond est percé de trous, représentera la cornue ; le vase inférieur, muni de son goulot, sera la *boîte à air*. Imaginez maintenant que l'on souffle par ce goulot... l'air comprimé par le souffle passera du vase inférieur à travers les trous du filtre. Et si le filtre était rempli de liquide, l'air s'élancerait à travers ce liquide sous la forme d'un rapide courant de bulles, n'est-ce pas ? Eh bien, dans le convertisseur Bessemer, les choses ne se passent pas autrement. — Qu'on me pardonne cette comparaison familière dont la justesse est l'excuse.

La cornue rétrécie à sa partie supérieure se termine par une sorte de bec oblique ; elle doit avoir environ 2 mètres cubes de capacité. La construction de cette pièce principale étant bien comprise, décrivons rapidement l'opération.

Sous une vaste halle deux cornues sont établies, l'une en face de l'autre, l'intervalle qui les sépare est occupé par les appareils de coulée, dont nous dirons un mot tout à l'heure. Les cornues, mobiles sur leurs tourillons, s'inclinent et se redressent à volonté. A l'usine de Seraing c'est une ingénieuse machine *hydraulique* qui commande le mouvement des cornues et de tous les appareils accessoires. L'eau refoulée avec une énergie extrême à l'aide d'une puissante machine à vapeur agit par sa pression sur des pièces mobiles qui transmettent le mouvement là où il est besoin. Il suffit d'ouvrir ou de fermer un robinet au signal donné pour voir telle vaste machine, chargée d'un poids énorme, se soulever ou s'abaisser, s'incliner ou se redresser d'un mouvement singulièrement doux, égal et précis — en même temps avec une force irrésistible. A quelque distance des machines, un ouvrier ayant à sa portée toute une série de robinets et de *valves* (soupapes qui peuvent ouvrir ou fermer des conduits) détermine et dirige à son gré le mouvement de tous les appareils.

Dans une construction accolée aux flancs de la halle et sur un plan plus élevé sont établis deux cubilots, sans cesse en activité ; là se liquéfie la fonte qui va être *convertie* en acier.

Marche de l'affinage. 1re *phase : Oxydation.* — Au moment de commencer une opération, la cornue encore toute ardente de celle qui vient de finir, s'incline presque horizontalement, présentant son ouverture béante. Une longue gouttière en fer suspendue à une grue tournante et appuyée sur des supports vient se placer entre le *bec* de la cornue renversée et l'orifice de coulée du plus grand des deux cubilots. — Attention ! Au signal donné on pratique la percée : un ruisselet de fonte jaillit, coule le long de la rigole et tombe en cascade dans la cornue. En quelques instants 3,000, 5,000 ːː. de métal fondu ont été versés dans le *convertisseur.* Le trou de coulée est vivement tamponné ; la longue rigole serpentine se détourne. Sur un signe

du chef, l'ouvrier tourne la clef de la valve d'un
des conduits : la machine hydraulique entre en
mouvement, la cornue se relève doucement et vient
placer sa gueule embrasée sous la hotte d'une haute
cheminée. On donne le vent. L'air comprimé sous
une forte pression (2 atm. environ) par la machine
soufflante se précipite par les conduits tortueux,
s'élance par les tuyères à travers la masse même
de la fonte liquide, en soulevant un impétueux
bouillonnement. Un large jet de flammes rougeâtres
sort à pleine gueule, accompagné d'une gerbe d'é-
tincelles. Peu à peu la flamme rugissante s'allonge,
blanchit, de plus en plus éblouissante. Les étincelles deviennent rares et disparaissent. La nuit,
c'est un spectacle effrayant. Figurez-vous un bec
de gaz de 30 centimètres de diamètre et de 3 à 4
mètres de longueur... l'éclairage est splendide et
fantastique. Autour de vous les murs, les machines,
sous vos pieds le sol, sont inondés de reflets ardents ; il semble qu'on marche sur du fer rouge.
De grandes ombres bizarres, les profils amplifiés
des machines se projettent sur les murs comme
une fantasmagorie étrange.

Que se passe-t-il dans les flancs embrasés de la
cornue? L'air, traversant le métal en fusion avec
une abondance et une rapidité extrêmes [1], apporte
une énorme quantité d'oxygène. Cet oxygène brûle
d'abord le silicium et le manganèse contenus dans
la fonte; mais au bout de quelques instants le
carbone lui-même est en pleine combustion. La
chaleur produite par cette combustion intérieure
est tellement intense que non-seulement le métal
ne se refroidit pas, mais qu'il s'échauffe de plus
en plus, et bien au-dessus du point de fusion
de l'acier : aussi reste-t-il parfaitement fluide. —
La flamme est surtout composée d'oxyde de carbone brûlant ; mais elle contient en outre tous les

1. Plus de 14 mètres cubes par minute.

produits de la combustion, et tout ce qu'une si haute température peut volatiliser. A l'aspect de cette flamme dont la teinte varie suivant les diverses phases de l'opération, le fondeur expert juge de la marche des combustions.

Si nous arrêtions l'opération juste au point où l'aspect de la flamme nous indique que le métal est suffisamment décarburé, et tandis qu'il lui reste encore la proportion voulue de carbone pour constituer l'acier ? — Fort bien : cela se peut. Cela se fait en Suède, avec ces fontes excellentes que vous savez. Cela se peut : mais saisissez bien le moment! 30 secondes avant il n'est pas encore temps; 30 secondes après, il n'est plus temps peut-être.

Avec nos fontes toujours quelque peu sulfureuses si nous agissions ainsi nous n'obtiendrions pas un métal de bonne qualité. En laissant du carbone nous laisserions aussi du soufre. Mais pour brûler tout le soufre, il faudra brûler tout le carbone? Eh bien, brûlons donc tout ; et que le feu continue. Quelques minutes encore, et tout le carbone étant brûlé, ce n'est plus de l'acier qu'il nous reste ; c'est du fer.

Et c'est du vrai fer fondu cette fois! La chaleur produite par ces combustions tumultueuses est si énorme que le fer lui-même, le fer pur est tenu en fusion. Comptez 2,000° environ (peut-être même 2,500 ?) et inclinez-vous ; c'est la plus haute température que l'industrie humaine ait pu atteindre en opérant en grand.

Ici une idée vous est venue, lecteur, comme à moi. Pourquoi, direz-vous, n'emploie-t-on pas d'une façon générale ce procédé si rapide, si commode, qui agit sur de grandes masses et évite les manœuvres pénibles du puddlage, pour fabriquer le fer ordinaire, le fer destiné à rester fer ? On y avait bien pensé; mais si on y a renoncé, du moins provisoirement, voici pourquoi : c'est que, vers la fin de l'opération surtout, non-seulement du sou-

fre, du phosphore, du carbone brûlent ; mais le fer
lui aussi brûle ; il s'oxyde. Et grâce à cette température extrême une certaine quantité de cet oxyde
de fer produit se répand et se dissout dans le métal
liquide. Or ce fer *brûlé*, ce fer qui a dissous ainsi
de l'oxygène, quelque pur qu'il soit par ailleurs,
manque de ténacité et de nerf. Il est *éreinté*, disent
les forgerons. En un mot c'est du mauvais fer pour
la forge : c'est du bon fer à acier.

Marche de l'opération, 2e *phase : Récarbura-
tion.* — Quoi qu'il en soit, c'est du fer ; et puisque
c'est de l'acier que nous voulons, il faut donc récarburer le métal que nous avons trop complètement affiné, lui rendre du carbone... Voyez : c'est
ce que l'on va faire. Le vent s'arrête : la flamme
tombe tout à coup, La cornue se renverse ; une
longue rigole de fer vient encore s'aboucher à l'ouverture. Mais cette fois la rigole aboutit à l'orifice
de coulée du second cubilot, le plus petit des deux,
dont nous n'avons pas encore parlé. Celui-là tient
en réserve dans son creuset une fonte spéciale,
une excellente fonte *manganésifère*, très-pure et
fortement carburée. On fait donc la percée ; et le
ruisselet ardent apporte cette fois à la cornue une
petite quantité de fonte manganésifère, égale à peu
près à 7 0/0 (en poids) du métal déjà contenu dans
l'appareil. C'est ce qu'on appelle faire l'*addition*.
La *fonte d'addition* rapporte avec elle la proportion convenable de carbone ; une petite partie s'u-
nira à ce malencontreux oxygène qui s'était dissous
dans le fer fondu, et l'expulsera en le faisant passer
à l'état d'*oxyde* de carbone ; le reste se répartira
dans la masse métallique et la reconstituera à l'état
d'acier.

Ainsi, telle qu'on la pratique ici, la méthode
Bessemer consiste à affiner complètement de la
fonte, et à la récarburer immédiatement par l'addition d'une autre fonte en proportion déterminée. —
La fonte d'addition introduite, on redresse la cor-

Fabrication de l'acier Bessemer. — Opération de l'addition.

nue : on donne le vent. Une bouffée de flamme éblouissante s'élève ; la réaction s'accomplit tumul-tueusement. En un instant elle est achevée. On arrête alors et définitivement le courant d'air ; la cornue une dernière fois s'incline et se renverse graduellement, pour verser de sa gueule ardente le métal fondu dans la poche destinée à le recevoir. L'opération a duré *en tout* 17 minutes.

Dans certaines usines on remplace actuellement la *fonte d'addition* par une proportion convenable d'un *alliage artificiel* contenant jusqu'à 50 0/0, ou même 75 0/0 de manganèse.

Le métal coulé dans des lingotières, chaque lin-got, du poids de 100 à 500 kilos, est retiré du moule ; puis, réchauffé s'il est nécessaire, il sera forgé en *pièces ouvrées* sous le marteau-pilon, ou s'allongera sous le laminoir en barres, en tôles, en rails.

Emploi de l'acier Bessemer. — On peut contes-ter au métal Bessemer son titre d'acier ; ce com-posé, en effet, *ne prend pas la trempe*, se compor-tant en cela comme certains aciers très-doux, comme lui très-peu carburés. Il n'est pas moins précieux par la dureté, l'homogénéité, la ténacité qui lui est propre. Son bas prix, avantage inestimable dans la pratique, permet de le substituer au *fer fort* dans la construction des machines ; il permet d'en fabri-quer des rails très-supérieurs aux rails de fer et même aux *rails cémentés*. L'importance de ce der-nier emploi s'accroît de jour en jour ; à une époque peu éloignée sans doute, toutes les grandes lignes auront remplacé leurs rails de fer, trop rapidement détériorés au passage de trains lourds et nom-breux, par les rails de métal Bessemer, doués d'une résistance beaucoup plus grande.

Aciers spéciaux. — Il nous reste à dire un mot de l'influence de certains métaux, alliés en faibles proportions, sur les propriétés de l'acier. Avec le *chrome*, métal très-dur par lui-même, on obtient un *acier chromé* excellent pour la fabrication des instruments tranchants. Un autre métal, également sans usage à l'état isolé, le *tungstène* (ou *wolfram)* communique à l'acier une force telle que les outils fabriqués avec cet alliage entament l'acier fondu et trempé. L'*acier au wolfram* est un produit qui peut prendre place dans l'industrie, vu que le minerai dont provient celui-ci n'est pas rare, et cède facilement son métal à l'acier. Nous n'en dirons pas autant de l'*iridium* et du *rhodium*, métaux rares, très-chers, très-difficiles à extraire, qui donnent, il est vrai, des aciers incomparables. — Enfin en alliant à l'acier un centième environ d'*argent* ou de *platine*, on obtient un métal d'une dureté et d'une finesse de tranchant extrêmes, susceptible de quelque emploi pour la fabrication d'instruments très-délicats.

Forgeage et trempe de l'acier.

Travail de l'acier à la forge. — Sauf la trempe, le travail de façonnage de l'acier est le même que celui du fer. L'acier se forge, se soude comme le fer sous le marteau de la forge maréchale ; il se comporte comme le fer sous le marteau-pilon des grandes usines, au laminoir, à la filière. Il y a cependant quelque restriction à faire ici. Chauffé à une température très-élevée, l'acier est susceptible de s'altérer sous diverses influences : l'oxygène, notamment, peut brûler de son carbone. Or la barre d'acier que le forgeron soumet au feu est exposée à recevoir le vent de la tuyère, qui peut lui faire subir une sorte d'affinage, de décarburation irrégulière, altération plus ou moins profonde, mais difficile à éviter. Le travail de l'acier est en conséquence beaucoup plus délicat que celui du fer, et réclame plus de soins et d'habileté. Un mauvais ouvrier peut, en une seule *chaude*, gâter le meilleur acier, et en faire un outil sans nerf, sans tranchant, de nul usage. En principe, de nombreuses chaudes altèrent toujours les qualités d'un acier : une température trop élevée l'*énerve* rapidement. Un forgeron habile saura travailler le métal à une température moyenne, et, par un coup de marteau sûr et précis, achever la pièce en un petit nombre de chaudes.

L'acier peut se souder à lui-même ou au fer, à la chaleur blanche, sous le choc du marteau. Mais tous les aciers ne jouissent pas au même degré de cette faculté précieuse. Il est des aciers fins, excellents en eux-mêmes, qui se soudent très-mal ; il est des aciers très-délicats que la chaleur nécessaire à la soudure altère, et tellement qu'il vaut mieux renoncer à faire usage de ce procédé. En général les *aciers fondus* ne se soudent pas au fer. On soude l'acier sur lui-même, dans le travail de la forge, pour agglomérer en une seule masse plusieurs morceaux, ou pour réunir des parties d'une même pièce : si on veut faire adhérer, par exemple, les deux extrémités d'une barre pliée en cercle pour en former un anneau, etc., etc. Mais l'opération qui consiste à souder l'acier au fer a un but tout spécial.

Il est des objets qui n'ont besoin de dureté qu'en certaines parties ; on fait ces parties en acier, le reste en simple fer. Tels sont les outils dont la pointe ou le tranchant seuls sont formés d'acier soudé à la masse de fer qui constitue le corps de l'outil : le *pic* du mineur, son *fleuret*, sa *pointerolle*, le marteau-taillant du meunier, la bêche du laboureur, etc. Ici c'est plutôt en vue de l'économie qu'on agit de même ; autrefois surtout l'acier était d'un prix très-élevé, on l'épargnait autant que possible. Si vous examinez le *ciseau*, la *gouge* du menuisier, le *fer* de son rabot, vous observerez que ces outils sont faits d'une lame mince de fin acier doublée d'une plaque de fer ; de la sorte, l'acier se présente toujours au tranchant que la meule fait à l'outil. La doublure de fer, moins dure mais

aussi moins cassante, soutient l'outil et lui donne
plus de résistance. Ainsi sont constitués la plupart
des instruments et outils tranchants. On voit par
là de quel prix est, pour un acier, la propriété de
se souder facilement et solidement au fer. Disons
cependant que le prix de revient de l'acier ayant
considérablement diminué par suite des nouvelles
méthodes de fabrication, il y a une tendance générale à remplacer par des outils *massifs* d'acier, et
surtout d'acier fondu, ceux qu'on faisait autrefois
en doublant de fer une lame d'acier.

Dans les grandes aciéries modernes, on traite
l'acier, que les nouvelles méthodes permettent
d'obtenir en masses très-considérables, absolument
comme on traite le fer. On le forge en pièces *ouvrées* sous le marteau-pilon; on l'étire au laminoir,
en barres plates, rondes, en rails, en tôles fortes et
en tôles minces. Ainsi nous avons vu chaque lingot
du métal Bessemer, au sortir de la lingotière où il
avait été coulé, passer sous le marteau-pilon, puis
sortir du laminoir en un rail d'acier sans soudure.
On forge aujourd'hui en acier fondu de grosses
pièces qui se faisaient en fer autrefois ; c'est même
au forgeage de ces énormes masses d'acier que
sont destinés les plus gigantesques engins qui
soient au service de la métallurgie. — Ainsi, à
Essen, pour forger en canons, en essieux de machines à vapeur marines les merveilleuses pièces
coulées par M. Krupp, un marteau-pilon du poids de
50,000 kil. a été construit. La plus grande difficulté
qu'on ait rencontré dans sa construction a été d'as-
seoir l'effrayante machine sur des fondations assez
profondes et assez isolées pour que l'ébranlement
produit par ces chocs formidables ne renversât pas
les murailles de l'atelier même et des bâtiments
voisins. Des appareils aussi puissants ou peu s'en
faut, existent déjà en d'autres usines; et on parle
comme d'une chose toute simple, de dépasser beaucoup ces limites.

Trempe de l'acier. — Le principe étant donné, les procédés opératoires s'expliquent d'eux-mêmes; leurs résultats sont prévus. Ainsi, tout d'abord, la trempe ayant pour effet de communiquer au métal une dureté qui le rend inattaquable à l'outil, il est évident que la pièce doit être entièrement achevée avant d'être trempée. *Finie* à la forge, il lui reste à subir, tandis qu'elle est encore traitable, le travail de la lime, du burin, du foret, du tour, etc., enfin toute la série de travaux qui constituent l'*ajustage*, et que nous ne pouvons décrire ici. La pièce achevée dans toutes ses parties est reportée au foyer, et chauffée avec précaution jusqu'à la température du rouge clair ; puis on la plonge dans l'eau en l'agitant dans le liquide, afin qu'elle se refroidisse plus rapidement. L'acier alors est dit trempé *dans toute sa force ;* il a acquis le degré extrême de dureté dont il est susceptible, sa composition étant donnée : car il ne faut pas oublier qu'une trempe pratiquée tout à fait de la même manière aura des effets très-différents suivant la nature du métal. Ainsi traité, un acier doux n'acquerra qu'une dureté modérée, que le forgeron pourra juger convenable pour tel usage déterminé. Mais les aciers *durs*, ceux qu'on emploie à la fabrication des instruments délicats, soumis au même procédé, prendront une dureté excessive, acompagnée d'une excessive fragilité. Un barreau d'un tel acier trempé à toute sa force casserait comme du verre ; le tranchant vif d'un outil trop dur trempé s'*égrène*, s'entame de larges brèches lorsqu'on le fait pénétrer dans une matière tant soit peu résistante. Pour modérer l'action de la trempe, on peut, avons-nous dit, prendre pour point de départ du refroidissement brusque une température moins élevée que le rouge vif. Dans ce cas, l'ouvrier chauffera sa pièce un peu au delà de la chaleur nécessaire ; puis la retirant du feu, il la laissera se refroidir doucement, jusqu'à ce que

sa couleur, de plus en plus terne, lui indique la
température qu'il a jugée convenable. A ce moment, il plongera la pièce et l'agitera dans l'eau.
Mais cette manière expéditive de procéder ne per-
mettant d'évaluer que grossièrement la force de la
trempe, ne sera en usage qu'au cas où la précision
n'est pas réclamée.

Il est encore un autre moyen de modérer l'effet
de la trempe ; c'est de diminuer la rapidité du
refroidissement ; ce qui peut s'obtenir en trem-
pant l'acier dans une substance autre que l'eau,
occasionnant une perte de chaleur moins brusque.
La pièce *est moins saisie*, disent les ouvriers,
quand on la trempe dans l'huile. En plongeant l'a-
cier rouge dans le suif, dans la cire en fusion, dans
la résine, etc., on obtient une trempe plus douce
encore. C'est ainsi que les horlogers donnent la
trempe à la pointe de leurs petits *forets ;* ils les
font rougir à la flamme d'une grosse chandelle,
puis enfoncent rapidement la pointe dans le suif de
cette chandelle ou dans un bâton de cire à cacheter.
S'il s'agit de la pointe extrêmement fine d'un outil
très-déliée, il suffira d'agiter vivement dans l'air
froid l'outil au sortir de la flamme : le refroidissement d'une si petite masse est assez rapide pour
que le métal acquière le degré de dureté convenable.

Recuit de l'acier. — Dans la plupart des cas
cependant il est préférable de dépasser le degré de
trempe que l'on veut obtenir, pour y revenir ensuite par un *recuit* graduel. — Prenez une lame
d'acier poli, et chauffez-la avec précaution à la
flamme d'une lampe à esprit-de-vin. Dès que la
lame s'échauffe, nous voyons sa surface changer de
couleur. Elle prend d'abord une pâle teinte *jaune
paille* qui passe graduellement au *jaune d'or* écla-
tant. Puis cette teinte se nuance d'une *pourpre*
légère ; une couleur *violette* succède, qui arrive au
bleu intense par une gradation insensible. Enfin

le bleu se décolore, et une teinte délavée et fausse de *vert d'eau* lui succède. Si on élève la température au delà de cette limite, toute couleur brillante disparaît ; la lame se ternit et se recouvre d'une croûte gris-noir d'oxyde. En chauffant par son extrémité la lame d'acier poli, vous verrez ces diverses teintes se produire et s'étendre à la suite l'une de l'autre à partir du point chauffé, en peignant un arc-en-ciel admirablement nuancé. Ces couleurs du recuit sont dues à de minces couches d'oxyde qui se forment au contact de l'air ; après le refroidissement elles conservent leur teinte et leur vivacité.

Or ces diverses couleurs correspondent à des températures de recuit déterminées ; et par suite chacune d'elles est l'indice d'un degré donné d'atténuation apportée à l'énergie de la trempe. A l'aide de ces points de repaire l'ouvrier peut atteindre avec précision le degré qu'il juge convenable. — La pièce donc ayant été chauffée au rouge clair et trempée dans l'eau froide, une mince croûte d'oxyde noirâtre s'est formée, qui se détache facilement. L'ouvrier la gratte, s'il est nécessaire, avec une pointe d'acier, pour *découvrir* la surface du métal où vont apparaître les couleurs de recuit. Il réchauffe alors l'objet avec précaution, en observant les nuances qui se produisent successivement, pour s'arrêter à celle qu'il a choisie. Cette teinte obtenue, il retire l'objet du feu ; et s'il craint de dépasser la limite, il le refroidit dans l'eau. Si la pièce, au lieu d'être simplement découverte en quelques points, est *polie* après la trempe, les couleurs du recuit offrent un éclat magnifique. On laisse alors à l'objet ces belles teintes, à titre d'ornement ; la mince couche d'oxyde qui les produit a même pour effet de protéger un peu le métal. C'est ainsi qu'on donne aux *ressorts*, aux *aiguilles* et aux *vis* des pendules et autres machines délicates, à certains instruments d'acier poli cette couleur violette ou bleu foncé si agréable à l'œil. Voici maintenant l'indication des couleurs du recuit auxquelles on *fait revenir* les objets trempés suivant leurs diverses destinations, avec la table des températures correspondantes :

220° jaune paille.	Instruments de chirurgie; rasoirs.
240° jaune d'or.	Canifs, tranchant des outils destinés à entamer les métaux durs.
253° brun pourpre.	Armes blanches fines; forets, limes; outils à entamer les métaux doux, les bois durs, etc., ressorts spiraux des montres.
265° violet intense.	Coutellerie; armes, lames de scies, râpes, outils à travailler le bois tendre, ressorts de montres, vis.
285° bleu clair.	Vis, ressorts.
300° bleu foncé.	Vis, gros ressorts.
325° vert d'eau.	Gros ressorts, faux.

Les ressorts de suspension des voitures et des wagons se recuisent jusqu'au rouge sombre.

Avenir de l'acier dans l'industrie. — *Conclusion.* — L'acier tend de plus en plus à se substituer au fer dans la plupart des applications; tellement que le fer lui-même (j'entends le fer pur), pourrait bien être rejeté à un plan secondaire. Doué de presque toutes les précieuses propriétés du fer et possédant en outre les siennes propres, le merveilleux composé devra à la facilité avec laquelle on peut l'obtenir en masses puissantes par voie de fusion, le rôle immense qu'il va jouer dans notre industrie, dont toutes les visées tendent aux opérations grandioses. Il devra à sa résistance indomptable la place qu'il prendra dans la construction des machines, desquelles on exige des efforts de plus en plus considérables. En sorte que si l'on voulait caractériser la période industrielle qui s'ouvre en notre siècle, on pourrait appeler cet âge l'*Age d'acier*... Mais non ! désormais les grandes époques de la vie de l'humanité ne porteront plus le nom d'un métal. Ce qui caractérise notre moderne industrie, mieux que la conquête d'une matière première, instrument de travail, c'est la prise de possession par l'homme des grandes forces de la nature : la chaleur, sous ses mille formes, devenue l'universel auxiliaire, l'électricité soumise, la lumière interrogée : l'époque qui commence est l'âge de la vapeur, de l'électricité... Ou plutôt, non encore. Ce n'est plus d'un progrès industriel, quelque grand qu'il soit, que l'humanité attend le mot de ses destinées futures. La matière, désormais vaincue, n'aura plus cette puissance. Ni de l'outil, ni de la force motrice même ne dépendent plus, comme aux temps primitifs, le progrès de la civilisation, le progrès intellectuel et moral, auquel il faut tout rapporter, en fin de compte. — Oui, l'industrie se perfectionnera indéfiniment; oui, ses perfectionnements serviront le progrès intellectuel, comme par le passé, et plus puissamment encore : voyez ce qu'a fait pour le développement de la pensée, une machine de fer et de plomb : la *presse !* — Mais du moins ce n'est pas la force productrice qui fait aujourd'hui défaut à nos sociétés; c'est l'art suprême de la faire servir au bonheur et au perfectionnement de tous. Ce qu'il faut surtout souhaiter à nos fils, ce n'est pas une industrie mieux armée, c'est une science plus parfaite de la nature, de l'homme et de la société, un idéal supérieur de la vie.

C. D.

Paris, le 5 février 1875.

Coulommiers. — Typ. P. BRODARD et GALLOIS.

www.ingramcontent.com/pod-product-compliance
Lightning Source LLC
Chambersburg PA
CBHW060539210326

41519CB00014B/3275